一本书明白

黄鳝泥鳅高效养殖技术

YIBENSHU
MINGBAI
HUANGSHANNIQIU
GAOXIAOYANGZHI
JISHU

"十三五"国家重点
图书出版规划

新型职业农民书架·
养活天下系列

郭国军　刘英杰　主编

山东科学技术出版社　山西科学技术出版社　中原农民出版社
江西科学技术出版社　安徽科学技术出版社　河北科学技术出版社
陕西科学技术出版社　湖北科学技术出版社　湖南科学技术出版社

中原农民出版社　　　　　　　　　联合出版

U0242770

图书在版编目（CIP）数据

一本书明白黄鳝泥鳅高效养殖技术 / 郭国军，刘英杰主编 . —郑州：中原农民出版社，2017.10

（新型职业农民书架）

ISBN 978-7-5542-0669-0

Ⅰ . ①一… Ⅱ . ①郭… ②刘… Ⅲ . ①黄鳝属—淡水养殖②泥鳅—淡水养殖 Ⅳ . ① S966.4

中国版本图书馆 CIP 数据核字（2017）第 234672 号

一本书明白黄鳝泥鳅高效养殖技术

主　编：郭国军　刘英杰

副主编：徐文彦　齐子鑫　弓飞龙

编　者：唐国盘　秦江晓　王新华　刘表枝　杨　丽　张克烽　刘　猛

出版发行	中原农民出版社
	（郑州市经五路66号　邮编：450002）
电　话	0371-65788655
印　刷	河南安泰彩印有限公司
开　本	787mm×1092mm　1/16
印　张	12.25
字　数	199千字
版　次	2018年9月第1版
印　次	2018年9月第1次印刷
书　号	ISBN 978-7-5542-0669-0
定　价	49.00元

目录
Contents

专题一
黄鳝人工繁殖关键技术

专题提示

黄鳝具有性逆转生理现象。黄鳝从胚胎期到性成熟期，都为雌性，性成熟即可产卵，但在产卵以后，卵巢慢慢转变为精巢，以后就产生精子，变为雄性。一般认为，体长20厘米以下的小黄鳝，生殖腺全为卵巢，以后卵巢逐渐向精巢转化，当体长35厘米左右时，差不多已有半数的雌鳝变成了雄鳝。就整个黄鳝种族来说，每年都有一批雌鳝出世，都有一批雌鳝产卵，以后雌鳝又全部变成雄鳝，雄鳝再与下一代雌鳝交配生殖，黄鳝就这样以它特有的生殖特性，一代又一代地繁衍下去。

一、黄鳝人工繁殖概述

1. 黄鳝的生殖系统

黄鳝生殖系统具有性逆转的特性。性逆转是指同一条鳝，在前期为雌性，后期转化为雄性。黄鳝的生殖腺仅1个，位于腹腔稍偏右侧。生殖腺在早期向雌性方面分化，性成熟产过一次卵后，即向雄性方面发展。一般情况下，体长28厘米以下的个体均为雌性，体长28～45.9厘米的个体为雌雄同体，长度大于46厘米的个体基本上都为雄性。

2. 黄鳝的繁殖季节

黄鳝每年只繁殖1次，而且产卵周期较长。在长江中下游地区，一般每年5～8月是黄鳝的繁殖季节，繁殖盛期在6～7月，随气温高低而有所提前或推迟。在黄河以北地区，繁殖期为6～9月，高峰期为7～8月；珠江水域，繁殖期为4～7月，高峰期为5～6月。

3. 黄鳝繁殖的环境条件

繁殖季节到来之前，亲鳝先打洞，称为繁殖洞，繁殖洞与居住洞不同。繁殖洞一般在田埂边，洞口通常开于田埂（图1）的隐蔽处，洞口下缘2/3浸于水中。繁殖洞分前洞和后洞，前洞产卵，后洞较细长，洞口进去约10厘米处比较宽广，洞的上、下距离约5厘米，左、右距离约10厘米。

图1　养殖池中的田埂

4. 黄鳝繁殖的雌雄配比与配偶构成

黄鳝生殖群体在整个生殖时期是雌多于雄。7月之前，雌鳝占多数，其中2月雌鳝最多，占91.3%；8月雌鳝逐渐减少到38.3%，雌、雄比例为0.6：1。因为8月之后多数雌鳝产过卵后性腺逐渐逆转，9～12月雌、雄各占约50%。

自然界中，黄鳝的繁殖多数属于雌子代与雄亲代的配对，也有与上两代雄鳝配对。在没有雄鳝存在的情况下，同批黄鳝中就会有少部分雌鳝先逆转为雄鳝，再与同批雌鳝繁殖后代。这是黄鳝有别于其他鱼类的特殊之处。

5. 黄鳝的成熟系数和怀卵量

（1）成熟系数的变化　黄鳝的成熟系数随季节的变化而不同。以长江水域为例，1～3月卵巢经历了第二、第三期的发育阶段，4月下旬卵巢发育达到第三期末，成熟系数显著上升。5月中旬至7月底卵巢由第四期末转入第五期，卵巢重量大幅度增加，6～7月达到最高峰，而后成熟系数明显下降。雌鳝成熟系数的变化范围为0.1%～22.9%，雄鳝成熟系数的变化范围为

0.04%~2.75%。

（2）怀卵量　　不同体长和体重的黄鳝怀卵量各有不同，个体长和体重大的黄鳝怀卵量明显大于个体短和体重小的黄鳝，详见表1和表2。

表1　南京地区不同体长黄鳝的怀卵量

体长（厘米）	标本数（尾）	绝对怀卵量（粒／尾）	
		变化范围	平均值
20~24.9	8	51~164	89
25~29.9	36	62~266	121
30~34.9	7	224~614	428
35~39.9	13	413~654	480
40~61.8	4	681~1 326	1 119

表2　江苏宝应地区不同体长黄鳝的怀卵量

体长（厘米）	怀卵量（粒／尾）
20	185~250
30	220~300
40	350~500
50	550~1 000
60	1 000~1 500
65	1 500~1 800

不同地区的黄鳝，由于生长环境不同，怀卵量也不同。江苏南京地区与宝应地区相同体长的黄鳝怀卵量不同，表现出较明显的地区差异。

江苏地区有人对80余尾体长12~46厘米、体重16.5~99.5克的黄鳝进行检测，个体怀卵量在172~891粒，平均261粒／尾。按个体体重对比，每克体重怀卵量在5.48~18.2粒，平均每克体重怀卵量10.3粒。

　　湖北省武汉地区自然水体中的68尾体长在15～42厘米、体重13.5～102克的黄鳝进行检测，个体怀卵量在156～796粒，平均236粒/尾。按个体体重对比，每克体重怀卵量在4.8～12.6粒，平均每克体重怀卵量8.3粒。2001～2002年，对网箱和水泥池人工养殖的121尾（检测到的雄性黄鳝除外）体长12～45厘米、体重10～212克的黄鳝进行检测，个体怀卵量在109～1 198粒，平均292粒/尾。按个体体重对比，每克体重怀卵量在6.4～17.5粒，平均每克体重怀卵量11.6粒。

　　（3）产卵类型　从黄鳝卵巢周年变化规律可看出，一年内其性腺成熟系数只在夏季出现一次高峰，其余季节一直较低。同时，除繁殖季节外，各月卵巢均处于卵黄发生期早期阶段，未发现第四期卵母细胞。虽然产卵后，其他月份有次发性早期卵母细胞出现（例如，6月底第二期卵母细胞占48.8%，第三期卵母细胞占27.3%，至10月底，前者上升为66.7%，后者上升为33.3%），但是它们在非产卵季节并未能发育成熟（第四期卵母细胞数量为0），必须待下一性周期的繁殖季节出现时才能成熟（例如，4月底第一、第二期卵母细胞共占74.6%，第三期占25.4%，至5月底第一期、第二期和第三期急剧下降分别为46.5%、23.7%和15.8%；而第四期卵母4月底为0，5月底则上升为59.2%）。一方面说明，黄鳝卵巢发育严格受季节变化周期的影响和神经内分泌系统的调控。另一方面说明，黄鳝的性腺发育尽管在全年内具有不同时期的卵母细胞分批发育，但一年内卵母细胞成熟只一次，也就是说只有一个产卵季节，在自然条件下仍然属于一年一次产卵类型。

　　6. 黄鳝受精卵的自然孵化

　　黄鳝的亲鳝有吐泡沫筑巢和护卵的特殊繁殖习性，这与其他鱼类不同。产卵前，雌、雄亲鳝吐泡沫筑巢，然后将卵产于洞顶部掉下的草根上面，受精卵和泡沫一起漂浮在洞内。受精卵黄色或橘黄色，半透明，卵径（吸水后）一般为2～4毫米，卵粒重35毫克左右。雄亲鳝有护卵的习性，一般要守护到鳝苗的卵黄囊消失为止。这时即使雄鳝受到惊动也不会远离，而雌鳝一般产过卵后就离开繁殖洞（有的学者经观察认定雌鳝也参加护卵、护子）。亲鳝吐泡沫筑巢主要有3个作用：一是使受精卵不易被敌害发觉；二是使受精卵托浮于水面，水面一般溶氧高，水温高（鳝卵孵化的适宜水温为21～28℃），这有利于提高孵化率；三是亲鳝吐出的泡沫中有对鳝卵孵化起着重要作用的物质。

黄鳝卵从受精到孵出子鳝，一般水温在30℃左右（28～38℃）时需要5～7天，长者需要9～11天，并要求水温稳定。自然界中，黄鳝的受精率和孵化率为95%～100%。

二、黄鳝自然繁殖时，繁殖池设置的关键技术

常见问题及原因解析

由于受养殖条件限制，很多养殖户养殖水面有限，没有设置黄鳝繁殖池，更没有幼鳝保护池，选择的亲鳝自然繁殖受精率低，出苗率低。

破解方案

在建造黄鳝繁殖池或者人工饲养池时，应有计划地安排一块池子供亲鳝繁殖所用。在繁殖池中还应单独建一个面积较小的幼鳝保护池，池壁多设计一些圆形或长方形小洞，覆盖细眼铁丝网，让幼鳝从铁丝网中进入保护池。

三、黄鳝自然繁殖时，亲鳝选择和投放的关键技术

常见问题及原因解析

养殖户受经验制约，仅凭个体大小选取亲鳝，忽略亲鳝的健康状况、遗传群体多样性，导致所选亲鳝雌、雄配比不当，出苗率低，出苗质量差等。

破解方案

自然繁殖的亲鳝可以从自养的鳝群中选择无伤、无病的健康个体。每年在繁殖季节，可挑选个体较大的黄鳝放入繁育池中作亲鳝培育。如有大小不等的两批或多批亲鳝，可以从较小的鳝群中挑选雌鳝，在较大的鳝群中挑选雄鳝作亲鳝，有条件的地方尽可能从不同种群体中分别选择雌鳝和雄鳝。

鉴于黄鳝有性逆转特点，繁育池中，每平方米水面可放入体长25～30厘米的雌亲鳝5～7条，体长为50～60厘米的雄亲鳝5～7条。在自然条件下繁殖，雌、雄比例一般为1：1。

四、黄鳝自然繁殖时，亲鳝饲喂的关键技术

常见问题及原因解析

亲鳝投放后疏于饲养管理，投饲随意，性腺发育期所需营养得不到满足，导致产卵数量少、质量差，直接影响出苗数量和质量。

破解方案

亲鳝入池后，要做到精心喂养，确保营养需求。一般头两天不需要投食，到第三天投喂少量的蚯蚓，以方便引食。投料台要设在进水孔处，投喂的时间可在天黑前1～2小时，投料后打开进水管，使饲料气味随水流遍布全池，从而吸引亲鳝前来取食。待亲鳝吃食正常后，方可适当加入其他种类饲料。但要把其他饲料在投喂前混装盆内（图2），放置1小时让蚯蚓在其间爬动，促使其有蚯蚓味。搭配其他饲料要逐渐增多，投饲量以吃完不剩为佳，如有残饵应于第二天清晨及时清除。雌、雄鳝一定是经过精心挑选的色鲜体壮者。在繁殖前1～2个月内要精心饲养，以蝇蛆和蚯蚓为主食，促进亲鳝的性腺发育成熟。

图2 饲喂盆

五、黄鳝自然繁殖时，产卵期管理的关键技术

由于对黄鳝繁殖习性的深入研究资料积累相对还少，养殖户缺乏对其繁殖生态条件、繁殖行为等相关专业知识的掌握，导致产卵期管理盲目，影响出苗数量和质量。

破解方案

在繁殖池的四周和中间，人工模拟自然产卵环境。堆筑一条宽20厘米、高出水面10～15厘米的土埂，埂上栽上小杂草或水花生，等到繁殖季节，亲鳝就会自动来到埂边的草丛下筑巢产卵。产卵季节一般为4～9月，5～6月是盛产期。对人工产卵池，要求保持环境安静，切忌急于冲水。进水时，先要通过幼鳝保护池，还可在繁殖池和保护池中丢些丝瓜筋、柳树根须等柔软的多孔杂物，为黄鳝提供栖息、隐蔽之地。产卵巢的建成则表明再过3天左右亲鳝即会产卵，此时，应杜绝外来人员参观，投饲料要轻，以免惊吓亲鳝，影响产卵。亲鳝在繁殖期间，洞口一旦有泡沫（图3）出现，说明雌鳝将在1天左右产卵，若发现洞口只有一条亲鳝探出头呼吸，说明雌鳝已完成产卵并已离开，再经过5～6天鳝苗将会孵出。待繁殖后，用鳝笼将亲鳝及时全部捕出，以避免吞食鳝苗。鳝苗孵出5天内即可捞至培育池进行人工饲养。捞苗时最好采用纱布做成的小网兜，动作要敏捷。

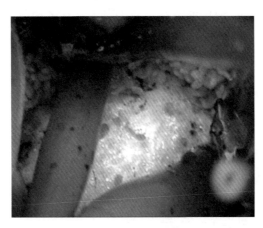

图3　雌鳝吐出的泡沫

六、黄鳝自然繁殖时，野生鳝卵的孵化关键技术

常见问题及原因解析

由于野生资源需要的成本很低，养殖户只重视采集野生鳝卵，不重视设置野生亲鳝产卵环境，也不重视采卵后的孵化环境的消毒及调控，结果同样影响出苗的数量和质量。

破解方案

野生黄鳝一般在湖泊、库湾、河沟、池塘、水田边打洞产卵孵化。由于生物敌害和农药污染等因素的影响，其所孵化出的鳝苗往往丰歉不匀，直接影响成鳝的产量。为了得到大量的鳝苗，为人工养殖提供足够的优良苗种，须采取措施采集野生鳝卵进行人工孵化鳝苗。人工孵化的鳝苗，规格整齐，体质健壮，伤病少，成活率高。华东地区每年 4～5 月，在一些小水沟、水田边、沼泽地、池塘浅水处、水库和湖泊岸边水草丛，常可看见一些泡沫团状物体漂浮在水面，这就是黄鳝自己营造的孵化巢。这时，可用瓢或盛饭的大勺子轻轻地把泡沫捞起，慢慢放到盛有新水且无毒的面盆、小桶或小水缸里带回养殖场，而后把鳝卵小心地放到孵化器中孵化。孵化期间，一定要注意常换新水，保持水质清洁；还要注意水温调节，使水温控制在 20～28℃；换水的温差不能太大，一般不超过 ±5℃。还要在小水泥池中放水 30 厘米左右，水中放一些已消过毒的草把、柳树根的须或棕须，把鳝卵轻轻地放在漂浮物上（入水 3 厘米左右），坚持常换新水。也可采用微滴水方法，保持卵在孵化时有清洁的水和足够的氧气，帮助受精卵正常发育。为了防止鳝卵生水霉菌，可采用浓度为 1 毫克／千克的漂白粉溶液浸泡 5～10 分，或用浓度为 1 毫克／千克高锰酸钾溶液浸泡 5 分左右，连续进行 2 次有一定的效果。如水温在 25～30℃时，经5～7 天，即可孵出幼鳝苗，待幼鳝苗出膜后 3～5 天，可及时把鳝苗安全转放到育苗池进行人工育苗。

七、黄鳝胚胎发育与水温的关系

黄鳝的胚胎发育与孵化水温有着密切的关系。黄鳝胚胎适应水温范围一般

在 18～30℃，最适宜水温为 22～28℃。在最适宜水温范围内，孵化率较高。在孵化时水温过高或过低，都会直接影响胚胎发育而导致畸形和死亡。当水温在 16℃以下时，多数胚胎不能发育孵出，成活者也极少；水温在 17～18℃时，部分胚胎虽然能正常孵出，但成活率较低；水温达到 18℃时，胚胎能正常孵化，可是孵化时间将会拖得长些；如果水温高达 31℃时，即使能正常孵化，但出苗率很低。通常情况下，在适宜的水温范围内，水温越高，胚胎发育就越快；反之，水温越低，发育越慢。因此，卵在胚胎发育期应人工调控好水温，以利于胚胎发育，提高出苗率。

八、模拟自然环境让亲鳝自然产卵的关键技术

常见问题及原因解析

由于对黄鳝繁殖习性的深入研究资料积累相对较少，养殖户缺乏对其繁殖生态条件、繁殖行为等相关专业知识的掌握，导致在繁殖池的建造、亲鳝的选择、产卵环境等技术方面都存在一定的盲目性。

破解方案

1. 建造繁殖池

建造专用繁殖池或在饲养池中分割一块专做繁殖用，同时在繁殖池中再建一个面积适宜的幼鳝保护池，池壁上多留些圆形或长方形孔洞。孔洞处用密眼铁丝网与繁殖池隔开，水能相通，幼鳝能从网眼中进入保护池，而雌、雄亲鳝不能进入，以保护幼鳝。

2. 亲鳝选择

根据黄鳝性逆转的特性，每平方米繁殖池内放入体长 25～30 厘米的亲鳝（多为雌性）3～4 条。不论雌性、雄性，均需挑选色黄体壮的个体，在繁殖前 1～2 个月加以精心管理，喂足蚯蚓、蝇蛆等高质量的动物性饵料，促进亲鳝的性腺发育。

3. 产卵与环境

模拟黄鳝在田野中自然产卵的环境，在繁殖池的四周（离池壁一定的距离）和中间堆筑土埂，埂宽约 20 厘米，高出水面 10～15 厘米，埂上

再栽一些杂草，到了繁殖季节，亲鳝常在土埂边的草丛下筑巢，进行自然产卵。

黄鳝产卵期间，力求保持环境安静，尽量少惊扰。繁殖池的水要通过微细的流水或经常不断渗水来保持良好的水质。进水要先通过幼鳝保护池，再缓缓注入繁殖池，通过缓流的刺激，引诱鳝苗溯水而上，进入保护池。

在繁殖池中放置一定数量的杨树根、绿纱风片等柔软多须之物，以便黄鳝隐蔽、栖息，也便于人工收集移养，避免幼鳝被敌害生物或亲鳝吃掉。

九、亲鳝来源和不同来源亲鳝的利弊

常见问题及原因解析

由于受养殖条件限制，养殖户亲鳝来源单一，养殖群体遗传多样性不足，长期繁殖导致苗种质量下降。

破解方案

黄鳝人工繁殖成功与否与亲鳝的培育有很大关系。亲鳝就是供繁殖用的雌鳝和雄鳝的统称。参与人工繁殖的亲鳝来源有3个方面：一是养殖户自行培育，自行培育的特点是亲鳝在数量方面，尤其是质量方面保证系数高一些，如不会带进新的传染病源等；二是在天然水体捕捉野生鳝，其特点是可避免近亲繁殖，但要求是以笼捕为好，也可采用抄网和手捕，切忌将钩捕、电捕和药捕的黄鳝作为亲鳝；三是市场收购，市场收购的特点是可供选择的余地较大，但要严格选择标准。

捕捞和采购亲鳝，在夏初即可进行，尤其是捕捞天然黄鳝，由于黄鳝有辅助呼吸器官，能吸取空气中的氧气，运输较为方便。因此，夏季和秋季均可捕捞。从有利繁殖角度看，夏季，尤其是初夏捕捞的鳝，进入养殖后因有一个较长的适应过程，特别是加强喂养，往往有利于黄鳝的性腺发育。但是夏季水温高，黄鳝在捕捞和运输中常会因挣扎运动而受伤。

相对秋季，尤其是晚秋季节捕捞的黄鳝受伤较少，但此时捕捞的黄鳝进入繁殖场的适应期短一些，黄鳝本身在野外条件下由于食物供应不足，常处于半饥饿状态，因而性腺发育不是很好，对催产有一定的影响。

十、辨别亲鳝优劣的关键技术

常见问题及原因解析

生产中由于黄鳝苗种生产技术要求高，数量有限，养殖户往往通过大量留取亲鳝来增加苗种数量，而忽视亲鳝质量，导致苗种质量下降，数量也达不到预期。

破解方案

优质亲鳝躯干部略粗于头部，即两头小，中间鼓，体色表现色泽鲜亮，斑纹或斑点较为清晰，行动方面，受刺激后反应灵敏，捕捉时挣扎有力，体表无病无伤；而劣质亲鳝头大尾细，近似锥形，尤其是躯干部不及头部粗，体色不鲜艳，色泽灰暗，点或斑纹不清晰，受刺激后反应迟钝，捕捉时挣扎无力，体表可见伤、病或寄生虫。

十一、辨别雌、雄亲鳝的关键技术

常见问题及原因解析

养殖户往往凭经验选取个体大的种鳝做亲鳝，结果导致亲鳝雌雄比例不当，影响人工繁殖效率和效益。

破解方案

1. 从外部形态鉴别

（1）雌鳝特征　此时的雌鳝腹部膨胀，呈半透粉红色，生殖孔红肿，并呈膨大状态，若手握雌鳝对着阳光或其他光线观察可见腹内的卵粒。

此外，此时的雌鳝与雄鳝比较，雌鳝头部细小不隆起。

（2）雄鳝特征　雄鳝的腹部有网状血丝分布，生殖孔表现红肿，稍有突出。若手握雄鳝，使其腹部向上，在光线下看不到体内组织。与雌鳝不同的另一方面是，此时的雄鳝头部较大而隆起。

2. 从规格大小鉴别

一般来说，全长24厘米以下的个体，均为雌性，全长24～30厘米的个体，雄性仅占5.2%，全长30～36厘米的个体，雄性占41.3%，全长36～42厘米的个体，雄性占90.7%，全长50厘米以上的个体则基本上为雄性。当然，自然状态生长的黄鳝，在营养不良时，性成熟时的规格会大一些。从上述可知，选择雌性亲鳝应为24厘米以下的个体，选择雄鳝应在40厘米以上。在体重方面，一般认为，雄性亲鳝应在200～500克为好。

3. 从体表颜色鉴别

一般来说，苗种期的鳝均为雌性，只有到一次繁殖后，身体达到一定长度时开始进入性逆转。此阶段亲鳝体色多为青褐色，无色斑或微显条平行褐色的白色素斑。黄鳝基本完成性逆转过程时，雄性的比例大或全为雄性。此时的鳝体呈黄褐色，色斑较明显，常有条平行带状的深色色素斑点。

十二、亲鳝培育的关键技术

常见问题及原因解析

由于对黄鳝繁殖习性的深入研究资料积累相对较少，养殖户缺乏对其繁殖生态条件、繁殖行为等相关专业知识的掌握，导致在繁殖池的建造、亲鳝的选择、产卵环境等技术方面都存在一定的盲目性。

破解方案

1. 亲鳝池的选择与清整

宜选通风、透光、靠近新鲜水源（如水库、河沟等天然流动水体）、排灌方便和环境安静的地方建池。亲鳝池最好是水泥池，土池也可。池的面积应根据繁殖规模来确定，一般面积 10 ～ 30 米^2，深约 1 米，池底用黄土、沙土和石灰混合物夯实后，铺以较松软的有机土层 20 ～ 30 厘米。亲鳝池要栽植部分水生植物，围墙高出水面。用过的亲鳝池亲鳝放养前应进行清整，清除过多的杂草，排除陈水，如果池底有机质过多，可泼洒少量生石灰水，保持池底有一定的起伏，不要过于平坦（图4）。另外，还要维修进、排水系统（图5）和防逃、防敌害设施（图6）。

图 4 池塘清整

图 5 池塘进、排水系统

图 6 池塘防逃、防敌害设施

2．亲鳝的放养

选择已达到或接近性成熟、体质健壮的黄鳝放入池中，雌、雄个体比例若按自然受精，则雄多雌少；若人工授精，则雄少雌多，每平方米放养1尾。在实际生产中，亲鳝往往是分期分批进行投放。另外，可在亲鳝池中放养部分小泥鳅以清除池中过多的有机质，改善水质，并在饲料供应不足时，为亲鳝提供活饵料。如有条件，亲鳝培育以雌、雄分池饲养为好，便于检查成熟程度。

3．饲料投喂与日常管理

在亲鳝培育中，饲料一般以动物性新鲜饲料为主，因亲鳝的发育对蛋白质需求量特别大。主要投喂蝇蛆、黄粉虫、蚌肉、杂鱼浆、蚕蛹等，辅喂少量饼粕、豆腐渣等植物性蛋白饲料。每天投量一般占亲鳝体重的5%左右，以保证亲鳝吃好、吃饱为原则。水质管理是亲鳝培育中的一条重要措施，尤其是保持水温相对稳定很重要，由于黄鳝的繁殖季节为每年的5～9月，根据投放亲鳝的批次不同，亲鳝的产前培育期以4～7月为主。4～5月，一般每周换水1次；6～7月，一般每周换水2～3次，每次换水量为池水总量的1/3左右。当然，对换水应灵活掌握，当池水水质浑浊、有异味、黄鳝摄食量减少时，应随时排出老水，注入清洁的新水，总之，要保持水质的肥、活、嫩、爽。肥是相对的肥，即有一定的肥度即可。但不管在哪个月份，亲鳝临近产卵前1～15天应增加冲水水流刺激次数，可每天冲水1次，冲水时间不宜过长，以防亲鳝逆水溯游而消耗过多体力，减少体内营养的储备。此外，坚持每天早、晚巡池，便于发现问题尽快采取对策。

十三、适合亲鳝催产的季节

自然环境条件下，黄鳝的繁殖季节为5～8月，繁殖盛期为6～7月。人工养殖条件下，由于营养水平的提高，繁殖季节略有提早。当水温稳定在20℃以上时，亲鳝池就有少数个体开始掘繁殖洞配对，此时，可进行人工催产。具体时间一般是5月下旬至6月上旬，南方地区要更早些。

十四、亲鳝催产的关键技术

养殖户对亲鳝催产所用激素种类及作用原理了解不多，亲鳝催产所用剂量不能根据不同情况灵活应用，导致雌、雄亲鱼催产效应时间不同步，甚至不出现效应等。另外，催产技术细节工作也存在很多问题，从而影响人工催产工作进一步进行。

破解方案

1. 激素种类的选择

在黄鳝繁殖季节里，除采用流水刺激外，黄鳝的催产药物可采用促黄体生成素释放激素类似物（LRH-A）、绒毛膜促性腺激素（HCG）、鲤鱼脑垂体（PG）催产。其中一次注射LRH-A效果较好。

2. 注射剂量的确定

注射剂量应根据水温、亲鱼的成熟度、亲鱼的大小等情况灵活掌握。采用LRH-A，一次性注射，体重20～50克的黄鳝，每尾注射8～13微克；50～150克的黄鳝，每尾注射10～25微克；150～250克的黄鳝，每尾注射20～35微克；雄鳝在雌鳝注射后24小时注射，每尾注射10～20微克。采用HCG，一次性注射，雌鳝每千克用2500～3000国际单位；雄鳝在雌鳝注射后24小时注射，剂量减半。采用PG，一次性注射，雌鳝每千克用6～8毫克；雄鳝在雌鳝注射后24小时注射，剂量减半。

3. 催产药物的配制

LRH-A和HCG按产品包装标明的剂量换算，用生理盐水稀释溶解至所需浓度。PG按所需剂量称出，放入干燥洁净的研钵中，干研成粉末。再加入几滴生理盐水研成糊状，充分研碎后加入相应的生理盐水，配成所需浓度的悬浊液。

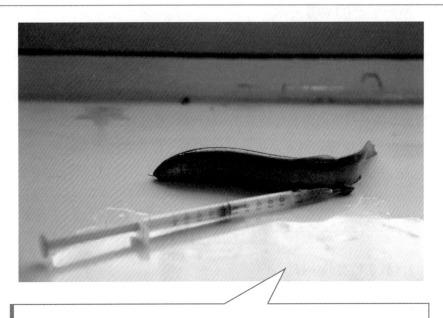

　　将选好的亲鳝用干毛巾或纱布包好，防止其滑动，然后在胸腔进行注射。针头先刺进胸部皮肤及肌肉，在肌肉内平行前移约 0.5 厘米，然后插入胸腔注射，注射垂直深度不超过 0.5 厘米，注射药液量不超过 1 毫升。注射后的亲鳝放在小网箱或水族箱中暂养，水深控制在 20～30 厘米，每天换水 1 次，大约换 1/2 水量。由于亲鳝的大小和成熟度不一致，同批注射的亲鳝，其效应时间长短差别很大，因此要持续不断检查，在水温 25℃ 左右时，注射 40 小时后每隔 3 小时检查 1 次。要检查到注射后 80 小时左右。检查的方法是：捉住亲鳝，用手触摸其腹部，并由前向后移动，如感到鳝卵已经游离，则表明开始排卵，应立即进行人工授精。

十五、黄鳝人工授精的关键技术

常见问题及原因解析

　　养殖户仅凭经验判断催产亲鳝产卵和精子优劣，不能灵活掌握不同质量精子与卵子的配比，造成浪费，另外操作细节等工作都影响受精率。

先选择雄鳝，生殖孔红肿，用手挤压腹部，能挤出少量透明液体；有条件的为慎重起见，取少量液体放在400倍以上的显微镜下观察，如见有活动精子，即为成熟雄鳝，放在箱中待用。

破解方案

　　将开始排卵的雌鳝取出，一手垫干毛巾握住前部，另一手由前向后挤压腹部，部分亲鳝即可顺利挤出卵，但也有部分亲鳝会出现泄殖腔堵塞现象，此时可用小剪刀在泄殖腔处向内剪开 0.5～1 厘米，然后再将卵挤出，连续 3～5 次，挤空为止。将卵挤入瓷盆后（内面一定要光滑），立即把雄鳝杀死，取出精巢（精巢一般呈黑灰色），迅速剪碎，放入盛有卵的盆中［人工授精时的雌、雄配比视产卵量的多少而定，一般为（3～5）∶1］，然后用羽毛轻轻搅拌，边搅拌边加入生理盐水，以能盖住卵为度，充分搅匀后，放置 5 分，再加清水洗去及吸出精巢碎片、血污、破卵、浑浊状的卵，即完成人工授精。

十六、黄鳝受精卵人工孵化的关键技术

常见问题及原因解析

　　老养殖户凭经验放卵孵化，新养殖户照抄照搬，不能灵活应用，造成放卵密度过高或过低，不能利用现有条件进行不同方法的孵化。

黄鳝受精卵的相对密度比水大,一般情况下,卵均沉入水底。在自然条件下,受精卵借助于亲鳝吐出的泡沫,浮于水面孵化。人工孵化时,可依据受精卵数量的多少确定孵化方法。若受精卵数量较多,可放于孵化缸中(图7)集中孵化,容积为 0.25 米^3 的孵化缸可放受精卵 20 万 ~ 25 万粒。若受精卵数量较少,可放于敞口式浅底的容器中孵化,如玻璃缸、木盆等。

图7　孵化缸

1. 静水孵化

水位控制在 10 ~ 15 厘米。一般人工授精率较低,未受精卵崩解后,易恶化水质,应及时清除。因是封闭型容器,要注意经常换水,确保水质清新,溶氧量充足,换水时水温差不要超过 3℃,每次换水 1/3 ~ 1/2,每天换水 2 ~ 3 次。胚胎发育过程中,越到后期,耗氧量越大,需增加换水次数(每天换水 4 ~ 6 次)。受精卵在静水孵化,如果管理得当,均能孵出鳝苗。

2. 滴水孵化

滴水孵化是在静水孵化的基础上,不断滴入新水,增加溶氧,改善水质。具体做法是:提前 1 天在消毒洗净的器皿底部均匀铺上一层经清水洗淘、阳光暴晒的细沙;从水龙头接出小皮管,用活动夹夹住皮管出水口,以控制水流滴度,将受精卵转移至铺有细沙的器皿中;打开水龙头,调节活动夹至适宜水滴速度。滴水速度视孵化鳝卵多少而定，若用瓷脸盆，一般为30～40滴/分，至第四天后调至50～60滴/分。总之，视水温情况调控滴水。孵化的器皿最好有溢水口，要经常倾掉部分脏水。

3. 流水孵化

在木框架中铺平筛网，浮于水面上。把鳝卵放入清水中漂洗干净。拣出杂质、污物。以筛网上均匀附有薄薄一层卵块为宜，筛网浮于水泥池中的水面上，即可孵化。将鳝卵的1/3表面露出水面，并保持微流水，水泥池一边进水，一边溢水。

若是鳝产卵较多，可用孵化桶流水孵化。孵化桶是一种专用孵化鳝苗的工具，下面底部进水，上面有网罩过滤出水，靠水的冲力把鳝卵浮在水中，注意水的冲力不能太大。

无论采用哪种方法孵化，孵化容器的水均不宜太深，一般应控制在10厘米左右。要注意勤换新水，始终保持容器内的水溶氧充足，同时注意换水时的温差不宜太大，须控制在3℃以内。孵粒在容器中切忌堆积，防止下层受精卵窒息死亡。对于未受精的卵或死卵要及时剔除，因它们尤其是死卵崩解时很易恶化水质。对于水质来说，为保持良好水质，有条件时应采用清新的微流水孵化效果更好。在适宜水温21～28℃的条件下，受精卵经7～14天孵化即可出膜。基底铺的细沙可防水霉病，还可帮助胚体快速出膜。因为正常的胚体在出膜前不停转动，活动剧烈，与细沙产生摩擦而加速卵膜破裂，使之早出膜。刚孵出的仔鱼，体长10～20毫米，侧卧于水底，靠卵黄囊维持生命。出膜后5～7天，体长长到25～30毫米时，卵黄囊基本消失，色素布满头部、胸鳍及背部，尾部的鳍膜也退化消失，仔鱼开始正常游动和摄食。此时即可转入苗种池进行人工培育。

十七、黄鳝胚胎发育的关键阶段

常见问题及原因解析

养殖户缺乏黄鳝胚胎发育基本理论，不能大致把握胚胎发育至各时期的大概时间。因此，对各期主要影响因素的调控存在一定的盲目性。

1. 受精卵的胚胎发育

黄鳝卵的胚胎发育受温度的影响较大，从受精卵到仔鳝出膜，在水温 29～31℃时，需 150 小时左右；在水温 25～27℃时，需要 168 小时左右。

（1）受精卵　黄鳝受精卵的卵径 3.3～3.7 毫米，卵粒重 3～5 毫克。卵黄均匀，卵膜无色、半透明。卵子受精后 12～20 分，受精膜举起，形成明显的卵间隙，此时卵径增大到 3.8～5.2 毫米，并开始有原生质流动。受精后 40～60 分，可见到明显的胚盘，从卵子到受精直到原肠早期，卵的动物极均朝上。

（2）卵裂期　在 25℃左右的水温下，鳝卵受精后 120 分左右，受精卵发生第一次分裂。受精后 180 分左右发生第二次分裂，受精卵约 240 分发生第三次分裂，第四次分裂发生在受精后 300 分左右，受精后 360 分左右形成大小基本相等的体细胞，呈现单层排列，此后分裂继续进行，经过多细胞期，于受精后 12 小时左右发育到囊胚期。

（3）原肠期　随卵裂的继续进行，动物极细胞越来越小，原肠期开始。受精后 18 小时左右，动物级细胞下包，进入原肠早期，形成环状隆起的胚环。受精后 21 小时左右，胚盾出现。受精后 35 小时左右，下包到卵的 1/2，神经胚形成。受精后 44 小时左右，发育到大卵黄栓时期。受精后 48 小时左右，进入小卵黄栓时期。受精后 60 小时左右，胚孔闭合。

（4）神经胚期　在原肠下包的同时，动物极的细胞开始内卷，在 21 小时左右，胚盾形成并不断加厚，形成原神经极。此后，随原肠的下包，神经板不断发育和伸长，在受精后 65 小时左右，尾芽开始生长时形成神经沟。

（5）器官发生期　受精后 60 小时左右，形成细直管状的心脏，并开始缓慢跳动，每分 45 次左右，血液中无红细胞。此后，心脏两端逐渐膨大，有心耳、心室之分，进而出现弯曲。受精后 90 小时左右，形成"S"形心脏，心跳每分 90 次左右，血液中有红细胞而呈红色。胚孔闭合，尾芽开始生长。受精后 77 小时左右，尾端朝前形成弯曲。受精后 95 小时左右，尾部朝后伸展，并不断伸长。受精后 65 小时左右，神经胚的头部膨大，形成菱形的脑室。受精后 85 小时左右，视泡出现在前脑室两侧，受精后 100 小时左右晶体形成。受精后 169 小时左右，胸鳍形成，并不断扇动，每分 90 次左右。在受精后 194 小时左右，胚胎的背部和尾部形成明显的鳍膜。到卵黄囊接近消失时，胸鳍和鳍膜亦退化消失。

水温 21℃时，受精后 327 小时（288～366 小时）子鳝破膜而出。此时体长一般在 10～20 毫米，刚脱膜子鳝卵黄囊相当大，直径 3 毫米左右。仔鳝只能侧卧于水底或做挣扎状游动。

2. 仔鳝的发育

黄鳝仔鳝孵出后，仍然靠卵黄囊维持生命。待全长达 28 毫米左右，颌长 1.2 毫米左右时卵黄囊完全消失，胸鳍及背部、尾部的鳍膜也消失，色素细胞布满头部，使鱼体呈黑褐色，子鳝能在水中快速游动，并开始摄食小型浮游动物和水蚯蚓。

十八、影响黄鳝受精卵孵化率的关键因素

常见问题及原因解析

黄鳝胚胎发育基本理论还相对不足，各主要环境因素对胚胎发育影响还不完全清楚，养殖户的孵化管理还具有一定的盲目性。

破解方案

黄鳝受精卵孵化率的高低受多种环境因素的影响，主要是水温、溶氧、水质和敌害生物等。

1. 水温

黄鳝胚胎发育与水温的关系极为密切。主要表现在 3 个方面：一是胚胎发育必须在适宜的水温下进行，水温过高或过低，都会引起孵化率下降或胚胎畸形。研究表明，黄鳝胚胎发育的适宜水温为 21～28℃，最适水温 24～26℃。二是在适宜的水温差范围内，温差过大或过快也会引

起胚胎畸形或死亡，通常要求短时间内温差变化不要超过3℃，最好不要超过4℃。三是黄鳝胚胎发育时间的长短直接受水温影响，在水温30℃左右（28～36℃），胚胎发育需5～7天，在水温25℃左右，胚胎发育需要9～11天。

2. 溶氧

黄鳝的胚胎不能利用空气中的氧气，只能利用血管等渗透吸收水中溶氧，水中溶氧量过低会引起胚胎发育迟缓、停滞，甚至窒息死亡。试验表明，水温在24℃下，100粒黄鳝卵每小时的耗氧情况是：细胞分裂期为0.29毫克，囊胚期为0.46毫克，原肠期为0.53毫克，远远高于四大家鱼胚胎发育的耗氧量。因此，在孵化过程中，孵化用水的溶氧量应接近或达到水体溶氧量的饱和度。

3. 水质

清新的水质对提高孵化率有很大作用，绝不能用农药或工业污染的水作孵化用水，最好建蓄水池或安排专池提供孵化用水，且引用水之前要经过滤、净化处理，以防敌害生物和污物进入，水的pH以中性为好。

4. 敌害生物

在人工繁殖条件下，较大的敌害生物易被清除（如蝌蚪、小鱼、小虾等），但体形较小的剑水蚤等容易被忽视。事实上，剑水蚤对鳝卵和子鳝威胁较大，它们能用附肢刺破卵膜或咬伤鳝苗，进而吮吸鳝卵、鳝苗，受害的鳝卵或鳝苗很快死亡。对剑水蚤预防的最好方法是将孵化用水进行过滤，过滤网安装在进水口处。

专题二
黄鳝苗种培育关键技术

专题提示

黄鳝的苗种培育是指将刚出膜的鳝苗用专池培育成能供养殖用鳝种的养殖方式，包括鳝苗和鳝种的培育工作。一般是将刚出膜体长约 0.8 厘米的幼鳝经 15～20 天培育成 2.5～3 厘米的鳝苗；再将 2.5～3 厘米鳝苗培养到体长 15～25 厘米、体重 10～15 克规格的苗种，由于人工繁殖鳝苗技术相对滞后，大部分采自天然野生种，故黄鳝苗种培育还不普及。若是规模较大的成鳝养殖场，就必须实行"三自"方针，即自繁鳝苗、自育苗种、自养成鳝，方能降低成本，取得好的经济效益。

一、黄鳝苗种的食性特点和栖息习性

刚孵出的幼鳝各器官尚处在萌发时期，特点是消化器官尚未成形，依靠吸收卵黄完成胚后发育，此时体长 6 毫米左右，为内源营养阶段。5～7 天后各器官逐步发育，最后形成消化管，但肛门未形成，仍由卵黄供给营养。此时幼鳝已开口吞食小型浮游动物，待体长约 8 毫米时肛门打开，卵黄吸收完毕，全靠捕食而活，开始外源营养，此时也可投喂蛋黄颗粒等人工饲料。经 20 天后体长达 25～30 毫米时，成为身体结构与成体近似的鳝苗，可转入鳝种培育。在自然条件下，此阶段是在雄鳝看护下发育成长，到外源营养时期，随着捕食能力的增强，才逐步远离亲本自谋生路。此时鳝苗多在水草丛中或浅水底泥中活动，寻找适宜生活场所。此时鳝苗还不能掘洞穴居，一般栖息在岸边水草丛中，或同泥鳅一样，隐藏在水下软泥层中。黄鳝苗种在不同阶段食性不同：体长 4.3 厘米前，主要摄取轮虫、小型枝角类、桡足类的无足幼体；体长 4.4～4.6 厘米时，则摄取大型桡足类、水蚯蚓、摇蚊幼虫、枝角类；体长 6.9～10 厘米时，则转化成与鳝种（幼鳝）食性相似，以摇蚊幼虫、水蚯蚓为主并开始摄取较大

型饵料动物，如米虾、蝌蚪；体长 10 ～ 20 厘米时，已具蚕食同类习性。苗种阶段主要食物为水蚯蚓、摇蚊幼虫、昆虫幼虫等，在苗种各阶段中都兼食硅藻、绿藻等植物性饵料。

二、黄鳝苗种培育方式

黄鳝苗种培育方式多种多样，常见的有土池、水泥池、网箱培育和稻田培育等，分别见图8、图9、图10、图11。用网箱培育时，网布的孔眼要小，以钻不出黄鳝苗种为准。稻田具有面广、量大的优势，可实行规模化批量培育黄鳝苗种，是解决黄鳝苗种来源的有效途径之一。

图8 土池苗种培育

图9 水泥池苗种培育

图 10　网箱苗种培育

图 11　稻田苗种培育

三、鳝苗来源

鳝苗除由全人工繁殖的途径获得外，也可以由捕取天然受精卵进行孵苗，直接捕取天然鳝苗。此外，还有人工养殖的成鳝自然繁殖鳝苗半人工繁殖鳝苗。

1. 全人工繁殖鳝苗

全人工繁殖鳝苗是指用人工催产繁殖而获得鳝苗的方法。该方法优点是能获得批量的苗，质量也有所保证，但缺点是操作上技术要求较高，操作程序也较为复杂，加之目前人工繁殖的技术尚未完全成熟。尽管如此，黄鳝人工繁殖仍是规模集约化生产商品鳝的重要前提。

2. 半人工繁殖鳝苗

半人工繁殖鳝苗有利用人工养殖成鳝自然孵苗和野外捕捞天然黄鳝受精卵人工繁殖两种。此两种方法获得的鳝苗具有成活率高、对环境适应性强等优点。

（1）人工养殖成鳝自然孵苗　每年秋末，当水温降至15℃以下时，从人工养成的黄鳝中选择体色黄、斑纹大、体质壮的个体移入亲鳝池中越冬。翌年春天，当水温升至15℃以上时，加强投喂，多投活饵，并密切注视其繁殖活动情况，发现鳝苗后及时捞取并进行人工培育。刚孵出的鳝苗往往集中在一起呈一团黑色，此时，护子的雄鳝会张口将鳝苗吞入口腔内，头伸出水面，移至清水处继续护幼。寻找鳝苗时，要耐心仔细，一旦发现子鳝因水质恶化绞成团时，应及时用捞海或瓢、勺等捞出，放入盛有亲鳝池池水的水桶中。如果发现不及时，第二天鳝苗往往就钻入泥中，难以捕起。

（2）野外捕捞天然黄鳝受精卵　每年夏季，在湖泊、池塘、水库、河沟、渠道、水田、沼泽等浅水地带，常常可以见到一些泡沫团状物漂浮在水面，这就是黄鳝受精卵的孵化巢，这时可用捞海或瓢等将孵化巢轻轻地捞起，暂时放入预先消毒过的盛水容器中。受精卵孵化方法如前所述。

（3）捕捞天然鳝苗　每年5～9月是黄鳝的繁殖季节，此时，自然界中的亲鳝在水田、水沟等环境中产卵。刚孵出的鳝苗体为黑色，具有相互聚集成团的习性。捕捞天然鳝苗的关键是寻找黄鳝的天然产卵场，当发现鳝苗孵出后，应立即进行捕捞，若发现亲鳝将成团的小苗吸入口中时，不要惊动，待亲鳝吐出小苗时再捕捞。若发现成团的小苗绞成一团，或四处散开，说明水质环境恶化，应迅速捕捞至新水中。有时黄鳝会将小苗吸入口腔后转移水域，但不会转移太远，应跟踪捕捞。鳝苗入池后，可人为地在鳝苗池内放养水葫芦等水生植物，水葫芦的发达根须将为鳝苗创造一个栖息的良好环境，可加速鳝苗的生长。

四、黄鳝苗种培育池选建的关键点

常见问题及原因解析

养殖户由于对经济效益的考虑，常常既培育苗种又养殖成鳝，导致本来有限的养殖水面更加紧张，黄鳝苗种培育池塘条件远远不能满足黄鳝苗种阶段的生活习性和营养要求，苗种培育结果很不理想。

破解方案

养殖户需明确自己的养殖定位，做到成鳝养殖与黄鳝苗种培育细化分工，尽可能由专业养殖户培育黄鳝苗种。黄鳝苗种培育池选建的具体关键点有：要求培育鳝苗的小池周围环境安静、避风向阳、水源充足、便利、水质良好、进排水方便。面积宜小，一般不超过 10 米^2，用水泥建造效果好。池深 30 ～ 60 厘米，水深 10 ～ 20 厘米，池底有 5 厘米左右厚的土层。除鳝苗池外，还要准备较大面积的分养池，随着个体的长大，鳝苗对水体的空间要求大一些，经过一段时间的培育，会出现个体差异，而分级培育可解决大小个体争食问题，也可避免大小个体的蚕食现象。此外，培育池要有防逃的倒檐。

五、黄鳝苗种培育池药物消毒关键技术

常见问题及原因解析

养殖户缺乏专业知识，对消毒措施执行不到位或不正确，导致有过程无结果，最终致使苗种培育失败。

破解方案

鳝苗入池前 7 ～ 10 天，选择晴天将培育池进行药物消毒。先将池内过多的水排出，只留 5 ～ 10 厘米深，然后将生石灰装入有水的木桶等容器内，生石灰遇水发生化学反应，产生强碱性的氢氧化钙和大量热量。等生石灰形成石灰浆后，趁热将浆泼洒全池，不要留有死角。生石灰的用量为每平方米 0.1 ～ 0.15 千克。

六、黄鳝苗种培育池施肥培水的关键技术

常见问题及原因解析

养殖户缺乏专业知识，有机肥未经发酵施肥，施肥方法、数量、时间及苗种投放时间等往往凭借经验，导致施肥效果不理想，黄鳝苗种培育达不到预期效果。

苗种池施基肥，一般在药物消毒池后 2～3 天注入少量新水，将一定数量经过发酵的畜禽粪肥或有机堆肥，拌和适量软土压底施入苗种池，注意基肥的施用量一般控制在每平方米 0.5 千克，用量过多会使水质过肥，不利于鳝苗的生长。基肥应在鳝苗入池前 1 周施好，施得过早，鳝苗入池时，大型浮游动物繁殖高峰期已过；放得过迟，鳝苗入池时，大型浮游动物繁育高峰期尚未到来，这两种情况都不利于鳝苗进池后的摄食。只有适时施肥，才能保证鳝进池后立即能摄取适口的生物饵料。

七、黄鳝苗种质量辨别的关键技术

常见问题及原因解析

由于一大部分黄鳝养殖户是新近转产投入黄鳝养殖中，加之苗种缺乏，养殖户没有苗种质量观念，也缺乏苗种质量优劣辨别技术，导致所购苗种养殖效果不理想。

破解方案

1. 观察孵化器（池）中鳝苗的逆水能力

在孵化器（池）中将水搅动使之产生旋涡，质量较好的苗能沿旋涡边缘逆水游动，而质量差的苗无力抵抗而卷入旋涡。

2. 观察鳝苗顶风游动能力（图 12）

将鳝苗舀到白色瓷盆等小型器皿中，吹水面使鳝苗随风的方向漂游，体质好的鳝苗会顶风游动；而体质差的鳝苗在器皿中表现为游动迟缓或卧伏水底。

图 12　观察鳝苗顶风游动能力

3. 观察无水状态下鳝苗的挣扎能力

将鳝苗舀到白色平底瓷盘中，倒掉水后，鳝苗在无水状态下，质量好的苗不停滚动挣扎，身体呈"S"形；而体质差的鳝苗表现为挣扎无力，仅做头尾部扭动。

4. 观察体表及肥满度

体质好的鳝苗大小规格较为整齐，体表颜色鲜嫩，肥满匀称，游动活泼，体表无伤无寄生虫；体质差的鳝苗大小参差不齐，体色无光，色调不匀，身体瘦弱，似"松针"，行动迟钝，受惊后行动不敏捷，体表有伤或有水霉病菌寄生。

八、黄鳝苗种放养的关键技术

常见问题及原因解析

养殖户缺乏相关经验，苗种往往随到随放，有多少放多少，一次放足，直到养成鳝种，结果苗种培育质量和数量均达不到预期。

破解方案

黄鳝苗放养密度一般为每平方米池300～450尾，平均以每平方米池400尾为宜。一般在黄鳝苗种培育中，必须进行2～3次分养。黄鳝苗进池后经15天左右的饲养，体长为3.0厘米左右时，进行第一次分养，密度由原来的每平方米池400尾左右减至每平方米池150～200尾。鳝苗经1个月的饲养，体长为5厘米时，进行第二次分养，这时的密度降为每平方米池100尾，以后根据具体情况进行第三次分养。

放养时要特别注意，放养前使装盛鳝苗器皿的水温与放苗池的水温温差调节至不要超过3℃，防止鳝苗"感冒"。在鳝苗进池前，将池水慢慢舀入盛苗的水桶等容器内，使池中水温与容器中水温慢慢接近，当两者水温接近时，再倾斜容器口，让鳝苗随水缓缓流入培育池中。对于分级放养的，应在鳝苗集群摄食时，用密网布制作的抄网将身体健壮、摄食能力强、活动快的鳝苗捞出，放入新池进行分级培养。

鳝苗下池的时间以施肥后 7 天左右为宜，此时是天然浮游动物出现的高峰期，下池宜在上午 8～9 点或下午 4～5 点为宜，避开正午强烈阳光。

九、黄鳝苗种饲养的关键技术

常见问题及原因解析

养殖户缺乏黄鳝苗种不同生长时期的食性特点等基本知识，生产管理方法和时机不当，结果无法保证苗种所需天然饵料和营养，不能充分利用天然饵料获取苗种培育的最大效益。

破解方案

鳝苗开始用熟蛋黄和豆浆调成糊状洒喂，集中喂养 2～3 天，再逐步投喂其他适合的饵料。最近几年黄鳝养殖发展较快，各地根据本地情况，因地制宜地采用多种育苗法，且经济适用，现总结如下：

1. 粪肥培养法

采用人畜粪尿，经过沤熟施肥，以肥水来培育水中的浮游生物称为粪肥培养法，该法成本低，操作方便，鳝苗入池后就有活饵料食取，有利于生长发育。具体做法是：在鳝苗入池前 3～5 天，每天投施经过腐熟的粪肥 1 次，每平方米池每次投畜粪 150～200 克，或者人粪尿 80～100 克，滤去粪渣后加水稀释，全池均匀泼洒。此法不足的是：肥料在池中腐烂分解，容易污染水质而导致池水缺氧，不利于鳝苗生长甚至泛塘死苗，水质肥度不好掌握。

2. 大草培育法

　　用大草培育鳝苗，实际上也是用大草沤熟来培育水中的浮游生物，然后育苗。在鳝苗入池前5天，每平方米150～200克大草、10～15克生石灰配给。做法是：先在池底放5厘米厚的淤泥，接着放10厘米厚的大草，草上按上述比例放一层生石灰，然后隔天翻动1次，残渣要及时捞出池外。待肥水培育浮游动物后，再放鳝苗。

3. 草浆培育法

　　草浆法取饵方便，可节约大量精饲料，降低生产成本。方法是：采用易消化的水草，如水花生、水葫芦、水浮莲等，打成草浆后加入3%的食盐，放置8～12小时即可全池泼洒喂鳝苗。草浆打得越细越好。加食盐的目的是去掉水花生中的皂苷，否则鳝苗不吃。

4. 草浆拌肉糜培育法

　　先按上述方法打好草浆，将动物饵料(如蚯蚓、河蚌肉、小鱼肉及动物内脏、畜禽下脚料等，选取一种或多种)剁成或绞成肉糜，再按一定比例拌在草浆中，投喂苗种，鳝苗生长快。

5. 饲料培育法

　　用豆浆等来喂养鳝苗。豆浆营养丰富，能满足鳝苗的发育需要，鳝苗吃剩的豆浆又可直接肥水，池水变肥较为稳定，便于掌握。培育的鳝种体质健壮，规格整齐。具体方法是：将黄豆1.2～1.5千克，用25℃左右温水浸泡5～7小时，直到黄豆两瓣间空隙涨满为止，再加水20～25千克，磨成浆即可。磨好的浆汁，用布袋榨去豆渣，要尽快泼浆喂鳝，以免时间过长使浆汁天热发酵变质，或浆汁悬浮在池中时间太长。泼洒豆浆时要泼得"细如雾，匀如雨"，全池泼洒。同时，还需注意多在早、晚投料，并采取少量多餐的方法，不宜一次多量。

6. 动物饵料培育法

前面介绍的几种培育法，都只能在苗种培育初期使用，长期使用这几种方法，饵料量不便掌握，水质不便控制，黄鳝苗生长也不好。一般在放养的初期使用前面几种方法中的一种后，待鳝苗稍微长大一点，就开始投喂捞取的水蚤、水蚯蚓及切碎的蝇蛆、河蚌肉、鱼肉等。也有人认为鳝苗开口的最佳饲料为水蚯蚓，接着喂其他动物饵料。这样喂养的鳝苗，生长速度快且健壮，方法是：水蚤和水蚯蚓消毒后直接投喂，其他动物饵料绞碎消毒后再投喂。在投喂过程中，以动物性饵料为主，但也要不断加入一定比例的植物性饵料，特别在喂养后期，搭配一定数量的麸粉、豆饼粉等很有必要。鳝苗在一般条件和技术饲养下当年长到3～5克/尾，经过精心饲养的当年可长到每尾10克左右，长得最好的可达20克/尾。

十、黄鳝苗种分养前后的饲料投喂关键技术

常见问题及原因解析

养殖户缺乏黄鳝苗种不同生长时期的食性特点等基本知识，生产管理中天然饵料培养繁殖周期与黄鳝苗种需求不协调，人工投饵时机不当等，造成苗种营养不良，质量数量达不到预期。

破解方案

鳝苗孵出后5～7天，消化系统已发育完善，并开始自己觅食，这时即可入池培育，每平方米池放鳝苗100～200尾。鳝苗的食谱是广泛的，但主要摄食天然活体小生物，如大型枝角类、桡足类、水生昆虫、水蚯蚓等，最喜食水蚯蚓和水蚤。因此，除繁殖天然活饵供鳝苗吞食外，还要人工投

喂蚯蚓（剁碎）、枝角类和桡足类，并少量投喂麦麸、米饭、菜屑等甜酸食物。开始每天下午 4 ～ 5 点或傍晚投喂饵料 1 次，以后逐日提前，10 天后就可每天上午 9 点或下午 2 点准时投喂，每天投量为鳝鱼体重的 6% ～ 7%。随着鳝体的生长，饵料也要不断增加。一般来说，所投喂的饵料以 2 ～ 3 小时吃完为宜。饵料要保持鲜活，投喂最好全池遍撒，以免鳝苗群集争食，造成生长不匀。待鳝体长到 3 厘米以上，鳝苗粗壮活泼，摄食能力较强时，即可进行分养。

鳝苗分养后，可投喂蚯蚓、蝇蛆和杂鱼肉浆，也可少量投喂麦麸、米饭、瓜果和菜叶等食物。每天投喂 2 次，上午 8 ～ 9 点和下午 4 ～ 5 点，每天投饲量为鳝苗体重的 8% ～ 10%。当培育到 11 月中下旬，一般体长可达 15 厘米以上的鳝种规格，此时水温也将降到 12℃左右，鳝种会停止摄食，钻入泥中越冬。

十一、黄鳝苗种培育日常管理关键环节

常见问题及原因解析

养殖户缺乏管理经验，预防意识差，多数问题处于被动状态，忙于处理异常问题，结果无暇顾及常规管理，影响苗种培育质量和效益。

破解方案

黄鳝苗种培育期间的日常管理关键环节主要包括水温调控、水质调节、巡塘防逃以及病害防治等。

1. 水温调控

根据黄鳝习性，25 ～ 28℃的池水温度最适其苗种生长，但在夏季，有时水温高达 35 ～ 40℃，故要有降低水温的措施。一是保持适当的水深，以 10 ～ 15 厘米为宜，并经常换注新水，保持水质清新。一般春、秋季 7 天换水 1 次，夏季 3 天换水 1 次。高温季节可适当加深水位，但不要超过 15 厘米。鳝苗钻出洞口觅食、呼吸，如水层过深，易消耗体力，影响生长。二是在池中放养适量水生植物，如水葫芦、水浮莲和水花生等，这样既可

净化水质，又可使鳝苗有隐蔽遮阳的地方，有利于鳝苗的生长。三是在培育池中放入较大的石块、树墩或瓦片，做成人工洞穴，以利苗种栖息避暑，还可在池周围栽种树木，种瓜搭架遮挡强烈的阳光。

2．水质调节

鳝苗喜欢生活在水质清新、溶氧量丰富的水环境中，清爽新鲜的水质有利于黄鳝苗种的摄食、活动和栖息。水质调节的主要内容：一是要使池水保持肥度，能提供适量的饲料生物，有利于生长。二是调节水的新鲜度，加注新水，将老水、浑浊的水适时换出，春、秋季7天换水1次，夏季3天换水1次，每次换水量为池水总量的 $1/3 \sim 1/2$，先排水、后进水，换水在傍晚时进行。三是适时施用生石灰、微生态制剂等调节水质。四是种植水生植物调节水质。

3．巡塘防逃

要坚持每天早、中、晚各巡池1次，检查防逃设施和苗种生长情况，清除剩饵等污物。每当天气由晴转雨或由雨转晴，天气闷热时，因水体缺氧可见幼鳝在洞穴外竖直身体前部，将头伸出水面，凡在这种天气的前夕，都要灌注新水。雨天应注意溢水口是否畅通，拦鳝栅是否牢固，防止黄鳝外逃。7～9月气温高，鳝苗新陈代谢旺盛，摄食量增大，应尽量进行强化培育，可适当增加饵料投喂量，以满足鳝苗摄食的需要。入冬后，长大的鳝苗随着温度降低，会钻入泥中越冬。这时要做好越冬管理，可放掉池水，保持底泥湿润，上面再盖10～20厘米厚的稻草或其他杂草，以防霜冻，并防止重物压堵洞穴气孔，确保鳝种安全越冬。

4．做好病害防治工作

刚孵出的鳝苗易染上水霉病。防治方法是：在低温季节发病时，可用漂白粉治疗，也可每立方米水体用食盐和小苏打各400克，溶化后全池遍洒，或定期浸洗病鱼苗，效果也较为理想。

鳝苗在越冬前，一般能长至15厘米左右，一部分可以转入成鳝池，一部分可在原池越冬。通常是水温降至12℃时，鱼种停止摄食，钻入泥中越冬。此时应加深水位，使冻层以下有稳定水位，保护钻泥黄鳝越冬。若条件允许，在原池上搭设塑料薄膜，以增强防寒保温效果。

专题三
成鳝养殖关键技术

专题提示

　　成鳝养殖是指将体重 10 ～ 15 克的鳝种，养成体重 100 克以上的商品鳝。目前养殖方式主要有池塘养殖、稻田养殖、网箱养殖、无土养殖。其养殖技术包括建池（网箱设置）、放种、投喂和日常管理等。

一、黄鳝苗种引进的关键环节

常见问题及原因解析

　　由于黄鳝养殖效益较好，苗种需求量大，一些不良场家夸大宣传自家苗种，养殖户偏信宣传材料，造成引进苗种质量、数量、品种等不能达到预期。

破解方案

黄鳝苗种引进的关键环节有：

1. 要选择正规的黄鳝养殖场家

　　购苗种时，必须考察养殖场家是否正规，是否具备检疫条件或检疫过的证件，黄鳝苗种是不是人工培育等。正规的黄鳝养殖场家培育的黄鳝苗种，已经过人工驯化，这种黄鳝苗种抗逆性强，成活率高，喂养起来适应快，生长也较快，并且还能进行病虫害检疫和出具相关证明书。若不是正规的养殖场就要弄清黄鳝苗种的来源，人工养的鳝种规格较整齐，颜色较一致；野外捕捉的鳝大小不一，颜色深浅、黄灰不一。在今后的养殖发展中，国家要求实行无公害养鳝的标准，并要求逐步到位；凡是出售黄鳝的苗种或食品鳝都要有检疫检测的相关证书。

2. 要选择优良的黄鳝品种

黄鳝依其体色一般可分为3种类型：第一种是体表深黄色并夹有大斑点或浅黄色夹有斑点，腹部白色，它的增肉倍数为3～5倍，生长较快，以这种特征作为饲养品种是最好的；第二种为体表青黄色夹有灰暗斑点，腹部白色有的夹有灰暗斑点；第三种是体表灰色且斑点细密。后两种类型生长速度缓慢一些，增肉倍数也小些，在天然群体中后两种鳝的数量比例不大，但在选择作繁殖亲本时，尽量不要挑选后两种，而是以第一种为主。

3. 要选择体质健康的鳝种

选购黄鳝种苗，要选择体型匀称，体质健壮，体表无伤、无病而且有一定光泽，规格大体一致的黄鳝种苗，不购有病、规格悬殊的黄鳝苗种，更不能购买虽然体表无病无害但没有光泽的鳝，这种黄鳝很可能是电捕或药捕的。

4. 要正确选择购黄鳝苗种的季节

购黄鳝苗种最好选择在每年的4月和5月初，以避开5月中旬至7月的黄鳝性成熟繁殖期。选购黄鳝苗种不要在炎热的夏天和严寒的冬天，夏季7～8月时，收集、运输黄鳝，易对黄鳝造成伤害而感染生病；冬季黄鳝的价位较高，这时购鳝作种不合算。

5. 要选择适当规格的黄鳝苗种（图13）

如果是养鳝种，要求达到30～50克／尾，就要放养35克／尾的苗种。如果是养成鳝，要求达到100克／尾，放养苗种时要放到20～30克／尾；要求达到200克／尾，放养黄鳝苗种时要放30～50克／尾，养殖的目标不一样，所需的苗种规格不一样。

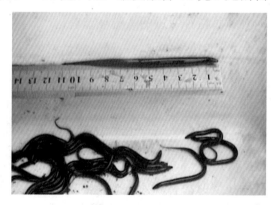

图13 适当规格的苗种

目前到处都宣传国外特大苗种，实际上好多特大苗种就是普通苗种，价格又高，可能还是转几道手的苗种，成活率不高，还不如在农村直接捕捉或收购的苗种。

二、黄鳝苗种优劣判断的关键技术

常见问题及原因解析

新养殖户缺乏选种经验，仅凭感官选择苗种，如遇不良场家的误导，所选苗种成活率低，养殖生长速度慢，大大影响生产效益。

破解方案

选购或留用的苗种，由于捕捞、暂养及运输中受伤或受病害感染，难免有质量不好的，在以后的饲养中会不断发病死亡，而且还会感染其他苗种，因此一定要在饲养前淘汰。通过以下的方法可淘汰劣质苗种。

1. 感官筛选法

此方法是在实践中不断总结经验，凭自己的感觉和经验进行筛选。苗种健康活泼，用手捉住时苗种能抬头且挣扎有力，肌肉紧绷。若身体、尾部扭曲，发红斑，肛门红肿以及用手捉时鳝体软绵无力为劣质苗种。

2. 水流筛选法

鳝鱼喜欢逆水行动，用适当的力将鳝池内的水按一定方向搅动，鳝鱼朝相反的方向游行（顶水行动），活动自如，那是正常鳝；若是跟着水流走、无力游动的为质量不好的苗种。

3. 拍打筛选法

根据野生鳝平时惊动少的特性来筛选。筛选时用浅盆盛装苗种，然后轻拍盆沿，质量好的苗种会往外跳，跳不动或不跳者是劣质苗种，但是受伤和患寄生虫病的苗种也往外跳，所以要仔细鉴别筛选。

4. 行为筛选法

根据鳝鱼的群聚性来筛选。在无土的水体中，鳝鱼成群地往四角钻顶的为质量好的苗种，单独游走活动无力的为劣质苗种。

5．入穴筛选法

根据鳝鱼喜居洞穴的特性来筛选。将苗种放入有土或者有水草的水体，在 2 小时左右钻入洞穴或水草的苗种为好苗种，不钻洞或不钻草，或是钻头不钻尾，或是钻进一会儿又出来的，大都是不好的苗种；也有一部分质量不好的苗种能钻洞或钻草。

6．摄食筛选法

根据苗种的摄食正常与否来筛选。苗种一般在经过捕捞、运输等以后，头几天不摄食，在开口摄食后，投喂 2％ 的配合饲料或 3％ 黄粉虫或 5％ 蚯蚓或 8％ 绞碎的鲜鱼肉，在水温 20～28℃时，若能在 2 小时之内吃完一半以上饲料，可视为质量好的苗种。

7．盐水或药物浸泡筛选法

食盐水对鳝鱼刺激性很大，筛选时一定要掌握好有效浓度，浓度大了或消毒时间过长都可致死苗种。盐水浸泡苗种，可起消毒作用，也可加速劣质苗种的死亡。一般浸泡浓度是：小苗种为 1％，中苗种为 2％，大一点苗种为 3％。浸泡 5～10 分。在浸泡过程中，质量好的苗种开始紧张不安，稍后渐安静或有规律地运动；质量不好的苗种，因盐水刺激伤口等，会狂跳乱游，尾巴扭曲，一直都不会安静。最后放入养殖水体，质量好的苗种可钻洞或钻草入穴。质量不好的则在水面上漂游。用其他的消毒药物浸泡苗种，方法及情况与上述的一样。

我们一般先用感官筛选，再用盐水浸泡结合流水筛选法，消毒结合筛选一次性完成，既省工省力，又减少对黄鳝的操作伤害。总之，在选购及筛选黄鳝苗种的每个环节上都要多留心，多了解。只有选好苗种，才能进行正常养殖，选好苗种是养殖的基础。

三、黄鳝苗种驯养的关键技术

常见问题及原因解析

养殖户投放苗种后，过度驯养，急于投饲，结果不仅导致饲料浪费，破坏水质，而且一些病原大量滋生，诱发疾病。

具体驯饲的方法是：苗种放养 3～4 天先不投饲，然后将池水排出 1/2，再加入新水，待黄鳝处于完全饥饿状态后，即可在晚上进行引食。将黄鳝爱吃的蚯蚓、螺蚌肉、蛙肉、鱼肉等切碎，分成几小堆，放入池内食台上或水草上。第一天投饲量为苗种总重量的 1%，第二天如果没有吃完还投第一天的量，如果已吃完可增加一点，逐步递增，待黄鳝每天吃食量达总重量的 5% 左右时（一般需 6～7 天），并且吃食正常后，稳定观察几天，没有什么异常现象，就可在以上饲料中掺入一定比例其他来源比较丰富的人工饲料，如鱼粉、血粉、蚕蛹粉及煮熟的动物内脏和少量的豆饼、麦麸粉等（要按苗种所需的营养比例配给）；或者直接购买人工配合饲料。第一天可取代引食饲料的 1/10，吃得好以后每天增加 1/10 的量；若吃得不好，取代饲料的量适当减去点儿，让其慢慢适应。什么时候吃完，什么时候再添加取代饲料，慢慢地逐步取代，7～8 天后可投喂的人工饲料达 90%～95%，不过还要保留投喂 5%～10% 的鲜活动物饵料，以引诱黄鳝多食。由于黄鳝习惯在晚上吃食，因此驯饲多在傍晚（一般是下午 5～6 点）进行。待驯饲得差不多后，慢慢地在每天早上加投一次，夏季在早上的 8～9 点，春、秋季在上午 9～10 点，这样每天就投喂 2 次（也有傍晚投喂推迟到晚上 9 点左右投喂）。投饲量以傍晚的为主，占每天总投饲量的 60%～70%，上午仅投 30%～40%。黄鳝能早、晚正常吃食了，这才算是人工驯养完全成功。这时开始杀虫消炎，把选好的药物拌在饵料里投喂，一般在投喂人工饲料时进行。具体的药物、药量及用药方法在后面病害防治的有关专题中专门介绍。

四、黄鳝苗种饲养管理的关键技术

养殖户对苗种饲养管理缺乏系统理论指导，往往疲于应对各种新出问题，常规管理不能做到有序进行，结果黄鳝苗种饲养管理达不到理想效果。

黄鳝苗种的饲养管理与成鳝一样，但要更仔细，总结经验主要是做好"四消毒""四定""五防"等工作。

1. 健康做到"四消毒"

健康的苗种是养殖的基础，要保证苗种健康首先要做到并做好"四消毒"。

（1）养殖环境的清整消毒　有放养前的清整消毒和养殖环境的定期消毒。

1）放养前的清整消毒　插入网箱的水体环境，如湖泊、水库的汊湾、稻田均要按要求进行尽可能的清理整修，然后用生石灰彻底消毒。网箱在放养前15天，每立方米水体用20克高锰酸钾化水浸泡15～20分。

2）养殖环境的定期消毒　在养殖过程中有黄鳝的自身排泄污染，还有外界的多方污染，使水环境不断出现水质恶化，因此要定期消毒。每月用生石灰化水泼洒1次，每立方米用10克。在养殖过程中的发病季节，还要用相应的药物定期化水泼洒消毒。

（2）鳝体消毒（图14）　黄鳝的苗种、亲鳝只要放入另一水体，就要消毒。一般用1%～3%食盐水浸泡10～15分，或用高锰酸钾每立方米水体10～20克浸泡5～10分，或用聚维酮碘（含有效碘1%）每立方米水体20～30克浸泡10～20分，或用四烷基季铵盐络合碘（季铵盐含量50%）每立方米水体0.1～0.2克浸泡30～60分。并严格检查，发现有病虫害的，坚决剔除。

图14　鳝体消毒

（3）饵料消毒　投喂的活饵料及肉食性饵料，如蝇蛆、鱼肉和动物的内脏、畜禽的下脚料等，一定要用3%～5%的食盐水浸泡20～30分；或用高锰酸钾每立方米水体20克浸洗活饵，再用清水漂洗。彻底消毒，杀死病原体。

（4）工具消毒　养鳝中所用的工具要定期消毒，每周2～3次。用食盐5%浸洗30分，或用5%漂白粉浸洗20分。发病池的用具要单独使用，或经严格消毒后使用。

2. 投饲坚持"四定"

（1）定质　指黄鳝的饲料要有一定的质量保证，分3个方面：一是指黄鳝以动物饲料为主，植物饲料为辅，饲料必须新鲜、无污染，切忌投喂腐臭变质食物；投喂的配合饲料，也切忌变质发霉。二是指饲料的营养蛋白质及各种维生素一定要有数量和质量的保证。投喂一些来源广、价格低、增肉率高的混合饲料。并要求动植物饲料合理搭配，使饲料的蛋白质含量达38%～46%。三是指饲料配方的安全限量必须符合国家的有关规定，不准添加有关生长激素，如己烯雌酚、甲睾酮等，绝对不能添加。

（2）定量　指饲料投喂量的确定。黄鳝的摄食量在水温28℃以下时是随着水升高而逐渐增加，因此在水温20℃以下、28℃以上时，配合饲料日投饲量（干重）为黄鳝体重的1%～2%，鲜活饵料的日投饲量为黄鳝体重的2%～4%；水温20～24℃时，配合饲料日投饲量（干重）为黄鳝体重的2%～4%，鲜活饵料的日投饲量为黄鳝体重的4%～8%；水温24～28℃时黄鳝摄食旺盛，配合饲料日投饲量（干重）为黄鳝体重的4%～6%，鲜活饵料日投饲量为黄鳝体重的6%～12%。投饲量的多少应根据季节、天气、水质和黄鳝的摄食强度进行加减调整，所投的饲料以控制在2小时内吃完为宜。

（3）定时　指黄鳝习惯于夜间觅食，故放养初期投饲应在傍晚的7～8点进行，待其逐渐适应后，温度也渐渐升高，在早上9点左右增加投饲1次。即在生长旺季每天上午和傍晚各投1次。

（4）定位　指鳝池中应有固定食台，食台用木框或小塑料菜筐或小篾笆箕做成，长60厘米，宽30厘米，底部铺垫一层聚乙烯网布。食台固定在池塘边或网箱长的一边的一定位置上，饲料投于其上。若没有固定食台，则选择固定投饲的位置。食台宜设置在阴凉暗处，最好靠近进水口。

3. 管理做好"五防"

（1）防水质恶化 养鳝池要求水质肥、活、嫩、爽，水中溶解氧不得低于 3 毫克/升，最好在 5 毫克/升左右。鳝池的水比较浅，一般有土的只保持在 30 厘米左右，无土的水位在 80 厘米左右。饲料的蛋白质含量高，水质容易败坏变质，不利于鳝摄食生长。当水质严重恶化时，鳝前半身直立水中，口露出水面呼吸空气，俗称"打桩"。发现这种情况，必须及时加注新水解救。为了防止水质恶化，一般每天注入部分新鲜水，水泥池每天要注 1/3～1/2 的水量，5～7 天要彻底换水 1 次。夏季高温时，要每天捞掉残饵，并增加注水次数和注水量，3～4 天就换水，水位要比春、秋季高。有土水位保持 30～40 厘米，无土水位保持在 80～100 厘米。水质管理是黄鳝养殖的一项关键技术。一定要保持良好的水质，达到养鳝的无公害养殖标准用水水质。

（2）防温度过高或过低 在炎热的酷暑季节，应注意遮阳、降温，其方法是在池中种植一些遮阳水生植物，如水葫芦或水浮莲，或在池边搭棚种藤蔓植物，并经常加注新水，以降低水温。冬季苗种越冬时，要注意防寒、保暖。当水温下降到 10℃ 以下，应将池水排干，但又要保持一定水分，并在上面覆盖少量稻草或草包，使土温保持 0℃ 以上；若是无土过冬则要把黄鳝用网箱放到深水（1 米左右），上面再加盖水花生 30～40 厘米，以免鳝体冻伤或死亡，确保安全过冬。在北方下雪结冰时，黄鳝苗种可集中起来过冬，搭塑料薄膜大棚，不结冰就行。另外，注意在换水时水温温差应控制 3℃ 以内，否则黄鳝会因温度骤降而死亡。

（3）防黄鳝逃跑 黄鳝善逃，逃跑的主要途径有：一是连续加水，池水上涨，随溢水外逃；二是排水孔拦鳝设备损坏，从中潜逃；三是从池壁、池底裂缝中逃遁。因此，要经常检查水位、池底裂缝及排水孔的拦鳝设备，及时修好池壁。网箱养鳝时箱衣要露出水面 40 厘米，冬季至少 20 厘米。箱衣露出太少黄鳝可顺着箱沿逃跑。另外，网箱养鳝在箱水平面最易被老鼠咬洞，只要有洞，黄鳝就会接二连三地逃跑。因此，需不断检查，及时补好洞口，并想办法消灭老鼠，堵塞黄鳝逃跑的途径。

（4）防病治病　黄鳝在天然水域中较少生病，随着人工饲养，密度加大，病害增多，常见的有饲养早期，鳝种因捕捉运输，体表受伤而感染生病。外购、外捕的野生鳝种，体内大都有寄生虫并伴发肠炎，因此在苗种放养时，一定要用盐水、药液浸泡消毒，药饵驱虫消炎及药液遍洒水体消毒等。黄鳝在水中生活，发病初期不易觉察，等到能看清生病的鳝体时，其病情已经比较严重了。因此，对黄鳝的病害要及时采取措施，以防为主；无病先预防，有病及时治疗。

（5）防止其他动物危害　对黄鳝危害较大的是老鼠，网箱养殖时老鼠经常咬箱咬鳝。咬伤鳝体，鳝体易感染生病；咬破网箱，黄鳝易逃跑。冬季池塘或网箱中的冬眠鳝，鳝体不活跃，老鼠咬了大鳝尚可救治，咬了小鳝种几乎没有活命的可能。此时，应特别注意防治老鼠危害。另外，养鳝池池水较浅，蛇、鸟和牲畜、家禽容易猎食，应采取相应措施予以预防。

五、水泥池有土成鳝养殖关键技术

常见问题及原因解析

一些不良养殖场家过分夸大水泥池养鳝产量高，养殖户盲目相信，片面追求养殖产量，缺乏相关技术，结果造成放养密度过大、养殖环境恶化、饲养管理混乱，养殖产量及规格达不到预期目标。

破解方案

人工修建的池可几口池单养，也可连成一片池达一定规模饲养（图15）。利用在池中栽种少量的浅水植物，如莲藕或茭白、稻、稗、慈姑等水生植物形成生态养鳝池。此法不需经常换水而水质始终保持良好状态，池水中的营养物质可以随时与土壤进行交换，池中生长的植物既可吸收水中营养物质，防止水质过肥，又可放出新鲜氧气，茎叶在炎热的夏季还可为鳝遮阳降温，从而为黄鳝生长创造一个良好的生态环境，提高了单位面积产量和经济效益。经实践证明，这种生态养鳝投资少，见效快，方法简单，且黄鳝生病少、成活率高，安全可靠，效益显著。

图15 人工修建的水泥池

1. 水泥池及泥土放水消毒

新修的水泥池要放满水浸泡10天左右，"脱碱"后放掉水，再加入新水。池底铺上30～40厘米含有机质较多的土壤。土壤的软硬适中，使黄鳝能打洞又不会闭塞。用过的池要彻底消毒，消毒时要把药物用锹搅动到池泥的深层，所有泥土都拌到药物，方能消毒彻底。消毒时池水深30厘米。待药效过后，选择1～2种水生挺水植物栽种，保持水深30厘米左右。

2. 投放苗种

苗种必须体质健壮、无病无伤。投放苗种前7～10天，新池子要在泥土里拌上生石灰，每立方米水体带泥土拌200～250克进行消毒。用过的旧水泥池及泥土同样要清池消毒，投放密度要适宜，过多会导致发病甚至死亡，过少产量低，效益不显著。最好在春季初收购苗种时投放，在冬季或春节前后上市，经济效益更佳。为防止黄鳝互相残杀和便于管理，要按鳝种大小分级、分池投放。

3. 饲养管理

生态养鳝虽不需经常换水，但春、秋季应每隔7～10天换1次，夏季高温4～5天换1次，每次换水量为1/3，以利水质肥而不腐，活而不淡。要经常检查进、排水口和溢水口的防逃网是否牢固，如有损坏必须及时维修。当冬季水温降到10℃以下时，黄鳝入泥冬眠，应及时排干池水，温度较低的地方还要在池泥上盖一层稻草，使黄鳝安全越冬。

六、水泥池无土流水成鳝养殖关键技术

生产误区及原因解析

误区一：单用水草作鱼巢。

经过长期的自然选择，黄鳝形成了营洞穴栖息的习性，其意义在于逃避敌害和避免高温和严寒的侵袭。在生产中一般用水草茂密的根系作鱼巢。但是单用水草作鱼巢容易使黄鳝聚群纠缠，造成局部密度过大，并且由于水温变化较大，黄鳝栖息于水草中易患感冒病。采用废弃轮胎和黑色塑料袋相结合为黄鳝无土养殖提供鱼巢，环境温度稳定，利于黄鳝自由进出，也克服了PVC管、瓦片、石头、竹筒等鱼巢不便黄鳝自由进出的缺点。

误区二：苗种投放较晚。

目前黄鳝无土养殖投放苗种照搬网箱养殖的做法，即集中在6月底至7月初投放，造成苗种价格较高，养殖季节较短（3个月左右）。在网箱养殖中，黄鳝栖息于水草层，必须在水温稳定后（即6月底至7月初）投种，但在水泥池无土养殖中，黄鳝栖息于水底的轮胎里面，水温相对比较稳定，完全可以在清明前后投放苗种。

误区三：苗种用高锰酸钾等消毒。

目前，我国黄鳝人工繁殖技术尚未达到大批量生产供应商品鳝养殖的水平，许多养殖户从市场上购买野生苗种，大多采用高锰酸钾、碘制剂等消毒，促使黄鳝体表黏液大量脱落，影响其成活率。黄鳝的鳞、鳃、鳍退化，外层屏障是黏液和皮肤，黏液内含有大量的溶菌酶，对细菌性传染病具有极强的抵抗力。因此，苗种消毒时最好选用对黄鳝黏液刺激性小的药物如庆大霉素、金霉素、多益善1号等，以提高黄鳝成活率，促使黄鳝提前摄食。

误区四：池水过深。

黄鳝是唯一可以淹死的鱼。由于其鳃严重退化，黄鳝主要通过口腔和鼻孔进行空气呼吸，其呼吸氧气量大约占黄鳝所需氧气的 2/3。因此，黄鳝养殖池水不宜过深，若黄鳝频繁游至水面呼吸，影响正常生长，多是池水太深造成的。当然，也不能水太浅，否则温度变化太大。一般池养黄鳝水深宜在 20～30 厘米。

　　误区五：每天多次投喂浮性饵料。

　　黄鳝是以肉食性为主的杂食性动物，吃食方式为吞食，以口噬为主，水质清新时能听到清脆的声音，以水下摄食为主。黄鳝吃饵料有一定的固定性，突然改变饵料种类，黄鳝会拒食，影响正常生活和生长。如确实需要改换饵料，应逐渐减少原饵料的比例，同时增加新换饵料的比例来调整。黄鳝初次排粪时间在其摄食 24 小时之后，因此每天投饵 1 次就可以满足黄鳝的摄食需要。研究证明，体重对黄鳝的日摄食节律没有显著影响，黄鳝在不同时段的摄食比例从高到低的顺序为：晚上 8～10 点采食量＞晚上 10～12 点采食量＞凌晨零点至晚上 8 点采食量，凌晨 4 点至下午 4 点之间几乎没有摄食活动。在黄鳝室外人工养殖中，可以驯化黄鳝养成定时、定点摄食的习惯，1 天投喂 1 次，投喂量以 2 小时内黄鳝能摄食 80% 左右为宜。实践证明，黄鳝摄食沉性饲料的比例明显高于浮性饲料的比例，加上浮性膨化饲料价格较高，因此，完全可以采用好的沉性饲料进行投喂。

　　误区六：光线较暗。

　　昼伏夜出是黄鳝的另一栖息特性，这一特性同样有利于逃避敌害，但同时也是机体自身保护的需要。长时间（10 天以上）的无遮蔽光照，就会降低黄鳝体表的屏障功能和机体免疫力，发病率很快上升，这说明太阳光中的紫外线成分对黄鳝有伤害作用。所以，很多养殖户在池上搭遮阳物，但容易造成光线太暗。试验表明，弱光条件（小于 250 勒）和静水环境抑制黄鳝的自然繁殖，并且水草生长不好，影响水质的净化。因此，黄鳝养殖要保持一定的光照，水草要覆盖水面 2/3 左右，而且在夏季要遮阳，散光最好。

　　误区七：水温不能超过 30℃。

水温低于8℃时黄鳝不食，低于5℃时开始冬眠，在8～15℃体重不增加。黄鳝一般适宜在15～32℃生长，最佳生长温度为25～32℃，水温高于36℃则入洞度夏，40℃死亡。目前在生产中，当水温超过30℃时，应马上采取降温措施以避免高温影响。试验证明，黄鳝对高温有较高的忍受能力，在35℃下仍然表现出较高的食欲，这与黄鳝源自气温高的印度平原或中印山麓有关。因此，在长江及其以南地区的黄鳝人工养殖中，夏季宜保持水温在30℃左右，以充分利用太阳能资源，提高黄鳝摄食量和生长速度，缩短养殖周期。

破解方案

水泥池无土流水成鳝养殖法与静水有土养殖法比较，具有操作简便、生长较快、成本低、产量较高、起捕方便等优点，但是所需条件一定要有不断的流水，否则极易水质变坏而生病死亡。

1. 水泥池消毒放水

一定要选择有长年流水的地方建池，如有自然微流水或有水位落差的水流更好。把水泥池放水，用药物消毒。消毒时水深30厘米左右。待药性过后，选择水花生或水葫芦放入水面，放养面积占水面的60%～70%；此时放掉一部分水，保持水深20～30厘米。

2. 放养

饲养池消毒放好水，检查好排水管口的防逃设施，保持各小池有微流水，可将苗种直接放入。

3. 投饲管理

这种饲养方法，由于水质清新，饲料一定要充足。投饲时将饲料堆放在进水口处的饵料台上或直接投到水草上面（最好投到饵料台上），黄鳝就会戏水争食。其投饲管理除参照后面的黄鳝的饲养管理外，还要加强巡视，注意保证水流的畅通又要流速不大。如果不好控制流速，每天定时注入部分新水，注入的新水量占水体总量的1/3～1/2。

由于水泥池饲养，无论是有土生态饲养还是无土流水饲养，水质始终清新，黄鳝吃食旺盛，不易生病，不仅单位放养量较高，而且生长快，饲料效率高，产量高，起捕操作等也很方便。因此，虽然建池时投资略高，但经济效益好。

如果有温流水，如水电厂发电后排出的冷却水，水温较高的溪水、地下水，大工厂排放的机器冷却水等饲养效果更好，可通过调节水温（要求保持在 22 ~ 26℃）避开冬眠期（11 月至翌年 4 月，共 6 个月左右的时间），使黄鳝一直处在适温条件下生长，连续生长 12 ~ 13 个月就可达到每千克 10 尾左右的商品鳝。有温流水的饲养池建在室内，或者建在室外大棚内，冬天盖塑料薄膜，夏天盖遮阳网。

七、网箱有土成鳝养殖关键技术

常见问题及原因解析

一些养殖户是由网箱养鱼转产而来，他们沿用网箱养鱼技术进行黄鳝养殖管理，网箱设置过大，鳝种投放密度过高等，导致养殖效益不好。

破解方案

在闲置的小坑塘中饲养黄鳝，不易防止黄鳝打洞逃跑，而水泥池一次性投资较高，因此有许多农民用网箱养黄鳝。其土建成本由水泥池每平方米 16 元左右，降到了每平方米 8 元左右，并且网箱养鳝每平方米产黄鳝 8 千克左右。

1. 网箱设置（图 16）

坑塘深 100 ~ 120 厘米；水不宜太深，50 ~ 60 厘米即可；网箱大小随池子大小而定。网箱用聚乙烯无结节网片，网孔尺寸为 36 网目左右，网箱的上下钩绳直径 0.6 厘米。网直铺在塘底及贴在塘四周，在网上垫

图 16　网箱有土养成鳝

20～30厘米厚的泥土，土上种慈姑等水生植物，网中放养黄鳝。

2. 鳝种的放养及管理

鳝种经消毒后下塘，池内放养泥鳅每平方米3～4尾，避免黄鳝的发热病发生。在黄鳝生长期，水深一般保持在10～15厘米即可；冬季防冻害，加深水位至50～60厘米，若是低洼的坑塘，最好网箱高出池埂，用桩撑住，网箱高出池埂多少随夏季洪水季节最高水位而定。

八、网箱无土成鳝生态养殖关键技术

常见问题及原因解析

养殖户通常认为黄鳝生活环境要求低，只要有水的地方黄鳝就能生存，并且由于忙于生产，苗种随到随做准备下箱，出现网箱放置位置不合适。没有提前放置网箱。甚至没有培肥绿水即下塘的现象，从而影响后期的生产管理和养殖效益。

破解方案

池塘沟渠、河流、湖沟、房前屋后的水氹子，都可以安置网箱（图17）。按坐北朝南的方位，用4根木柱或竹竿，插在泥中，网箱的上方4个角固定在木柱上，网箱下面4个角分别系上石块或砖块。用两根铁丝固定在池塘的两边，系上多个网箱，形成一排又一排。排与排

图17　网箱无土养成鳝

之间留有行船通道。要求水源无污染、无旱涝，网箱底部悬空不能触及泥，网箱面积不能超过承载水面的2/3。这些要求是为了防止承载水体缺氧，有利于网箱与周围水体交替和防止黄鳝外逃。

为了避免黄鳝放箱后会擦伤表皮和营造一个良好的栖息环境，网箱经过一段时间浸泡，会滋生一层附着物。对刚放入箱暂不适应环境围着

网片游动的苗种，能起到表皮保护作用。其次，网箱放入的水生植物，也需要一段时间才能得到恢复和生长。因此，网箱入水时间提前有利于黄鳝尽快适应新的环境。一般提前 15 ～ 20 天下水。

固定好网箱后，需放置好箱内水生植物，让它尽早恢复生长，选择根系发达繁殖较快的水葫芦、水花生、抗虫害的水油草较好。铺敷厚度为 20 ～ 30 厘米，以鳝鱼能藏身为准。放置好的水生植物，还要进行一次消毒处理，每平方米撒生石灰 50 ～ 100 克，然后再泼洒清水，以免烧伤叶面。若是专养池（放置网箱很多），还要进行池塘水体消毒处理。

网箱放苗时，一般是初春时节，水温较低，若水色发白太瘦，一时水体绿不起来，进箱后那些体质弱的鳝鱼很容易受到细菌的侵袭，常常发生水霉病、白斑病、烂尾烂皮病而致死。这一现象远高于绿色水体池的发病率。绿色的水体是水质优良的一个标志，可以抑制致病生物，减少病害的发生。绿色水体既有利于黄鳝迅速适应环境恢复体质，又利于为网箱内的水生植物的生长营造一个良好的栖息环境。

无论是放苗种前，还是在早期养殖过程中，都需要培植绿色水体。在施肥中，要特别注意施有机肥（人、畜肥）时，一定要经过充分的发酵后才能施用，否则适得其反，会加速细菌性病害的发展。一般提倡施用无机肥碳酸氢氨、尿素等。

1. 网箱设置

设置的网箱总面积不超过总水面的 20%，每个网箱 15 ～ 20 米^2。网箱固定有 2 种方式，即固定式和自动升降式。

（1）固定式　网箱成排排列，2 排为一组，2 排之间是投饲管理的人行"桥"。固定式采用长木桩打入池底，每个网箱 4 个桩，木桩要求粗而牢，入泥深而稳，高出正常水面 80 ～ 100 厘米。桩排列整齐，在同一直线上，桩与桩间还可用尼龙绳相连，并向网箱外端拉纤，使桩更加稳固。网箱四角绳头各稳系于木桩，拉紧张开网箱，并使网箱上缘出水 60 厘米。

（2）自动升降式　以油桶等浮力大的物体代替木桩，并且按网箱大小用钢筋角铁或竹木材料水平固定框架，网箱四角绳头系于架上的坚桩，网箱能够随水位自动升降。这种方式不仅可以在 2 排箱之间搭人行管理"桥"，还便于在箱的四周全部搭上人行"桥"，为多设饲料台投饲、观察黄鳝以及其他操作提供便利，但造价比固定式稍高。网箱中水草品种以水花生最为理想，它能起到防暑降温、净化水质、为黄鳝提供优良栖息场所的作用。

2. 苗种放养

苗种的放养因目的不同，放养时间有早有晚。为提高生长重量和获得季节差价双重效益，于5月之前开始放养。放养早，生长时间长，增重量大。若只是为了获取季节差价，不图增重，秋季投苗暂养亦可。网箱中苗种放养密度一般为每平方米2～10千克。苗种放养必须注意苗种质量，要求大小分养、浸泡消毒。目前，黄鳝种苗多来自捕捉的野生苗，以笼捕为好。如从市场选购，应选择体质健壮、无病无伤的种苗。凡电捕、钓捕及肛门淡红色患有肠炎病的鳝种应剔除。

3. 饲料投喂

饲料投喂要做到"四定"：

（1）定质　饲料必须新鲜且营养丰富，常用的鳝鱼饵料主要有蚯蚓、小杂鱼虾、螺蚌肉、鲜鱼肉、畜禽肝肠肺等活饵或鲜料，投喂时其大小以黄鳝张口即可吞入为宜，大块料必须切碎。另外，投喂黄鳝的饲料种类不能随意改变。

（2）定位　除活饵外，饲料需投在饲料台上，网箱中的饲料台最好每2～5米^{2}设1个，每个长宽各为40～60厘米，呈长方形或正方形，小石块压台沉于网箱底部（该处应为网箱中水最浅处）。箱中饲料台分布均匀。

（3）定时　黄鳝喂食，每天1次即可，在傍晚进行。

（4）定量　饲料不能忽多忽少，时有时无，每次投喂量的多少或是否投喂要灵活掌握。晴天时，水温适宜（21～28℃）可多投，阴雨、大雾、闷热天气少投或不投；秋冬水温低，还可少喂些精饲料。水呈油绿、茶褐色，说明水体溶氧量多，可多喂饲料；水色变黑、发黄、发臭等，说明水质变坏，宜少投或不投饲料，并要及时采取相应措施。投食后，在2小时内吃完，说明摄食旺盛，下次投放应增加数量；如果没有人为和环境因素影响，4小时后饲料还剩余很多，说明饲料投量过大，下次应减少投量，并要注意检查黄鳝是否发病。

4．日常管理

春季，网箱停放在浅水位，有利于日照升温，增加摄食量。随气温升高，水位逐渐加深，至夏季达最高。冬季也要保持一定水位保温，以利于鱼类和黄鳝避寒。水质应保持肥、活、嫩、爽，每隔 15 ～ 20 天洗刷 1 次网箱四周的网布，使箱内外水体能够充分交换。

5．病害防治

放养前将池塘彻底消毒；选择体质健壮的苗种，入箱前黄鳝浸洗消毒；饲料中常添加消炎杀菌灭虫药物，每隔 20 天左右在池塘撒生石灰、漂白粉，或洒敌百虫等杀菌灭虫。黄鳝常见病是肠炎、赤皮、蚂蟥，要及时预防和治疗。

6．注意事项

网箱无土养殖黄鳝应注意：

第一，黄鳝网箱养殖因密度较大，当饲料投放不足时会相互咬伤而感染霉菌，体表生长"白毛"，病鱼食欲不振而死亡。治疗方法：用食盐水和小苏打合剂泼洒。另外，保证饲料充足的情况下，不但可避免这一现象，即使同一网箱中放养的鳝种规格差异较大时，也不会发生相互蚕食现象。

第二，投喂的饲料要新鲜，不能投喂变质的饲料，网箱中部分剩余的腐烂发臭的饲料应及时清除，否则易引发肠炎病。治疗方法：用磺胺类或大蒜内服。饲料投放前应洗净并经 200 毫克／升高锰酸钾浸洗 3 分，再用清水淋洗后方可投喂。若使用人工配合饲料，其蛋白质含量需达到 45％以上，且以蚯蚓浆为诱饵并经驯化，才能取得良好的效果。

第三，苗种在捕捞、运输和放养过程中要尽量避免擦伤，以防细菌侵入发生赤皮病，症状为体表出血、发炎，以腹部和两侧最为明显，呈块状，需内服药和外用消毒药结合治疗。预防方法：鳝种放养时严格消毒，具体方法是 100 千克水中加 50 毫升水产苗种消毒剂浸洗 30 分，或用 8％含碘盐水浸洗 10 分，然后放入清水中暂养 1 小时，再经清水洗 1 遍后即可放入箱中。

第四，黄鳝的网箱养殖最为关键的阶段是放养后1个月。这一时期是黄鳝改变原来的部分生活习性、适应新环境的阶段。如果养殖方法得当，鳝种成活率可达90%以上，方法不当则成活率在30%以下甚至全部死亡。因此，在此期间除做好苗种的消毒和驯化外，还应有效地控制疾病的发生，具体方法是用水体强力消毒剂和生石灰交替消毒，杜绝病原体的产生。

九、网箱流水成鳝养殖关键技术

常见问题及原因解析

一些养殖户认为流水网箱水质好，加大网箱设置数量和箱内黄鳝放养密度，同时疏于管理，结果养殖产量和效益达不到预期。

破解方案

由于黄鳝对水质要求较高，一般饲养方式，放养密度较低，因而直接制约了其养殖产量与效益提高；利用网箱流水养鳝，增加放养密度，成活率80%～90%，每平方米池产量8～10千克，养得好可达12～15千克，有很高的经济效益。

1. 网箱及设置水体（图18）

网箱用聚乙烯无结节网片，网孔尺寸为0.8～1.18毫米（36目左右），网箱的上下钢绳直径0.6厘米；钢绳要结实，底部装有沉子。用稀网裹适量的石头做沉子。网箱将网片拼接成长方形网箱，一般以4米×2.5米×2米或5米×3米×2米的多见，面积在10～20米^2。网箱放置在荫蔽的地方，网箱的四角用竹篙或木桩固定上下面的四角。网衣沉入水中80～100厘米。网箱置于有流水的河沟、湖泊或者水库，流速不要太大，但也要求水源充足，要在黄鳝生长阶段保证流水不断。箱内放水葫芦或水花生，所放数量以覆盖箱内水面的大部分为宜。在整个生长季节，若放养的植物生长增多，要及时捞出。始终控制水草占有2/3水面。

图 18　网箱流水养成鳝

2. 放养及饲养管理

网箱流水养鳝，放养密度 2 ～ 10 千克 / 米³ 水体，另搭配 3% ～ 5% 的泥鳅。箱内搭配饵料台，用高 10 厘米、边长 30 厘米的塑料筐或篾制箥箕；底部用聚乙烯网布铺一层，防止饵料流失。在日常管理中每天清理饵料台，检查黄鳝吃食情况；并察看网箱是否有漏洞，若有漏洞及时补上。经常刷洗网箱和清除箱底的污物。由于网箱置于河沟、湖泊或者水库中，在下大暴雨和连续阴雨天时，要注意水位的变化，网箱要随着水位的涨落而升降；有大洪水的水体还要想办法把网箱转移到安全的位置，待洪水过后再移回来。

十、稻田成鳝养殖关键技术

常见问题及原因解析

养殖户一般是以种稻为主，养鳝为辅，因此其养殖技术相对简单，并且尽可能地增大水稻面积而减少养鳝所占地面，同时平时管理重视水稻管理而不重视黄鳝管理，造成黄鳝得不到充足的饵料，甚至会出现因水稻防病而毒死黄鳝的现象。

利用稻田养殖黄鳝(图19),具有成本低、管理容易等特点,既增产稻谷,又增产黄鳝,是农民致富的措施之一。一般稻田养鳝每平方米产黄鳝0.5～1.5千克,可促使稻谷增产0.6%～2.5%。其生产的关键技术有:

图19 稻田养黄鳝

1. 稻田的整理

只要不干涸、不泛滥的田块均可利用,面积不超过1 000米^2(1.5亩左右)为宜。水深保持在10厘米左右即可。稻田周围用高70厘米、宽40厘米水泥板(或木板或石棉瓦等)衔接围砌,水泥板与地面呈90°。下部插入泥土中20厘米左右。如不用板插,可用田土堆高夯实田埂,平水面的埂坡上面铺盖一层塑料薄膜。如果是粗放式饲养,只需加高、加宽田埂并夯实,注意防逃即可。稻田沿田埂开一条围沟,田中要挖"井"形鱼溜。一般宽30厘米,深30厘米。在田中央或者在田进水口处挖一个4米^{2}左右的鱼溜,深50厘米,所有鱼沟与鱼溜必须相通。开沟挖鱼溜在插秧前后均可。如在插秧后,可把秧苗移栽到鱼沟边、溜边。进、排水口要安好坚固的拦鱼设备,以防逃逸。

2. 鳝种的放养和管理

放养鳝种,50克左右的每平方米放5～10尾(0.2～0.5千克),25克左右的每平方米放养10～20尾(0.2～0.5千克),插秧后禾苗转青时,放养苗种。稻田养鳝管理要结合水稻生长的管理。采取"前期水田为主,多次晒田,后期干干湿湿灌溉法"。即前期生长稻田水深保持10厘米,开始晒田时,鳝鱼引入沟溜中;晒完田后,灌水并保持水深10厘米至水稻拔节孕穗之前,露田(轻微晒田)1次。从拔节孕穗期开始至乳熟期,保持水深6厘米,往后灌水和露田交替进行到10月。露田期间围沟和沟溜中水深约15厘米。养殖期间,要经常检查进出水口,严防水口堵塞和黄鳝逃逸。

3．投饵及培养活饵

稻田养鳝的投饵，与其他养殖方式有所不同。所投喂的饵料种类与一般养殖方式相同，投喂的方法不同，要求投到围沟敞口或靠近进水口处的溜中。稻田还可就地收集和培养活饵料：

（1）诱捕昆虫　用30～40瓦黑光灯或日光灯引昆虫喂鱼。灯管两侧装配有宽0.2米玻璃各1块，一端距水面2厘米，另一端仰空45°，虫蛾扑向黑光灯时，碰撞在玻璃上触昏后落水。

（2）沤肥育蛆　用塑料大盆2～3个，盛装人粪、熟猪血等，置于稻田中，会有苍蝇产卵，蛆长大后会爬出落入水中。

（3）水蚯蚓培养　在野外沟凼内采集种源，在进出水口挖浅水凼，田底要有腐殖泥，保持水深几厘米，定期撒布经发酵过的有机肥，水蚯蚓大量繁殖。

（4）陆生蚯蚓培养　在田埂地角用有机肥料、木屑、炉渣与肥土拌匀，压紧成35厘米高的土堆，然后放良种蚯蚓大平二号或本地蚯蚓1 000条／米^2。蚯蚓培养起来后，把它们推向四周，再在空白地上堆放新料，蚯蚓凭它敏感的嗅觉会爬到新饲料堆中去。如此反复进行，保持温度15～30℃，相对湿度30%～40%就能获得蚯蚓喂鱼。

4．施肥

基肥于平田前施入，按稻田常用量施入农家肥；禾苗返青后至中耕前追施尿素和钾肥1次，每平方米田块用量为尿素3克，钾肥7克。抽穗开花前追施人畜粪1次，每平方米用量为猪粪1千克，人粪0.5千克。为避免禾苗疯长和烧苗，人、畜粪的有形成分主要施于围沟靠田埂边及溜沟中，并使之与沟底淤泥混合。

十一、黄鳝饲养管理中的注意事项

近年来，黄鳝养殖发展较快，各地积累和总结了许多养殖经验，在采用这些经验时，一定要根据当地的条件因地制宜地灵活应用，但有一些事项是饲养黄鳝者必须注意的，现介绍如下：

1. 建造鳝池

一般要选择地势高、接近水源的地方，便于进水和出水。面积以小型为主，小池 2 ～ 3 米²，大池 20 ～ 100 米²，可用水泥池、砖池，也可用三合土压实后加塑料薄膜再加土建成的土池。一般池底垫土 20 ～ 60 厘米，也有在池底垫 10 厘米左右的秸秆，在秸秆上再铺约 20 厘米厚的黏土。池内要培植一些漂浮性水生植物，池边搭架，种植一些攀缘性的瓜果遮阳。池壁上沿至少要高出水面 20 厘米，以免黄鳝逃逸。鳝池可建成地上式、地下式、半地下式，池形可以是正方形、长方形、圆形、椭圆形或不规则形，但不论什么形式或结构，关键是不漏水，进、出水渠道（水管）畅通。

2. 选好鳝种

鳝种必须选择体质健壮、无病无伤的。不能采用钓钩捕捉的幼鳝，因体内有损伤，极易死亡。鳝种规格或大一点或小一点都可以（有条件最好大一点的），规格以每千克 40 尾左右为好，切忌大小混养，一定按大小分开养，不能有差异。每平方米池放养鳝种 5 ～ 10 千克。有些养殖户在鳝池中混放 0.5 ～ 1 千克泥鳅，可防止黄鳝互相缠绕，还能吃掉黄鳝剩余的饲料，防止水质恶化和预防鳝病。

在大规模开展黄鳝养殖时，鳝种供应是个关键问题。应重点解决工厂化繁育鳝种的技术问题或用专门的黄鳝亲鱼培育池和幼鳝培育池配套生产。若仅靠在外收购苗种，生产被动，还直接影响黄鳝的生长周期。此外，注意留种不能只选择粗大的，防止都选择了雄性而缺少雌性。

3. 饲料与投喂

鳝苗的适宜开口饲料有水蚯蚓、大型轮虫、枝角类、桡足类、摇蚊幼虫和人工配制的微囊饲料。经过 10 ～ 15 天的培育，当鳝苗长至 5 厘米以上时可开始驯饲配合饲料。驯饲时，将粉状饲料加蚯蚓浆或鲜鱼肉浆或蚌螺肉浆揉成团定点投放池边，经 12 天，鳝苗会自行摄食团状饲料。15 厘米以上的鳝苗驯饲则需在鲜鱼浆或蚯蚓浆或蚌肉中配加入 10% 配合饲料，并逐渐增加配合饲料的比例，经 5 ～ 7 天驯饲才能达到较好的效果。苗种的饲料在前期还可食用一些大型的轮虫、枝角类、水蚯蚓等，到后期基本上与大鳝一样，按照成鳝的饲料科学合理配给。饲养成鳝的饵料除常用的活饵外，用新鲜小杂鱼打成鱼糜或直接投喂养黄鳝饲料，这也是有效的新方法。黄鳝对饲料选择性较强，一经长期摄食某种饵料，就很难改变其食性，故在饲养初期必须不断驯饲，投喂一些来源广、价格低、增肉率高的混合饲料。

4. 养鳝池或网箱的水质管理

水质管理是黄鳝养殖的一项关键技术。一定要保持良好的水质。静水养殖视水质情况及时换水，注意换水的水温差不能超过3℃，否则黄鳝会因温度骤降而引起死亡。流水养殖也不能忽视水源的情况，水质一定要无污染、清新活爽。池水深平常有土饲养不低于20厘米，无土饲养不低于80厘米；高温季节（特别是在长江两岸的水域），有土饲养不低于40厘米，无土饲养不低于100厘米。

5. 养鳝池或网箱底质控制的管理

在养鳝过程中，有不少养鳝池经常患病，病害严重即造成鳝死亡，不严重时，也影响鳝生长，使生长缓慢。主要问题在池的底质上，这些鳝池底是直接取稻田或湖底的泥土铺成的；或者无土养殖时间长了在水底沉积了厚厚的一层残渣余饵及排泄物。在养殖密度较高的情况下。这种底质既不便于鳝打洞穴居，又因其有机物丰富，细菌密度高，致使池水耗氧大，水质变坏而发病概率高。采取以下措施，能有较好的效果：①作为底质的淤泥软硬要适度，稍带黏性。可用木棍在泥中戳洞试验，以洞孔不塌陷为好。底质泥以偏酸性或中性的为好，有机质含量丰富但也不宜过多。从河底或湖底捞取的淤泥摊开暴晒1周左右，然后用生石灰消毒，每平方米池用生石灰200～250克，均匀搅拌在底泥中，待药性过后再进水放鳝。②养过鳝鱼的池塘，要把淤泥摊开暴晒1周左右后放水30厘米；再用生石灰消毒，每平方米池用200～250克，均匀搅拌在底泥中，待药性过后再进水泡2天，然后放鳝。③若是养鳝的老池，底泥有机质太多或底泥太深，应挖取老底泥逐渐用暴晒后的稻田、湖底泥替换，保证底泥的质量。④无土养殖的水体，底层沉积太厚的残渣污物，要及时清除出去。网箱每月清洗1次，并清除箱底污物；池塘结合彻底换水时清除污物。特别是水泥池最好半月左右清除底部污物。⑤设置网箱的水体，在有条件的情况下，尽可能每年用生石灰清污消毒1次，每平方米池用200～250克。⑥越冬管理，黄鳝越冬有两种方法：一是干池越冬，即把鳝池的水放干，小鳝潜入泥底，上面盖麻袋、草包等，最好把土堆放在一角，然后上面再加盖干草等物，这样小鳝不易冻死，盖物时不能盖得太严实，以防小鳝闷死；二是深水越冬，将池水水位升高到1米，黄鳝钻在水下泥底中冬眠，若池水引起结冰，要破冰增氧，切忌浅水（20厘米左右）越冬，以免把小鳝冻死。

专题四
黄鳝的营养与饲料

专题提示

　　黄鳝为维持生命活动和繁衍后代，需要必要的营养素：蛋白质、脂肪、碳水化合物、维生素和矿物质五大类。

　　各种营养素对黄鳝生存、生长有着不同作用，不同生长阶段、不同环境下的黄鳝对营养要求也不相同，不同因素都影响着黄鳝对营养元素的要求。

一、黄鳝饲料种类

　　黄鳝食性较杂，饲料来源广，除了运用施肥，培肥水质，培养黄鳝喜食的活饵料外，还可广泛收集农副产品加工下脚料或投喂黄鳝专用人工配合全价饲料。黄鳝饲料从类型上可分天然饵料和人工饲料。天然饵料是指江河、湖泊、水库、池塘等一切水体中天然繁殖生长的各种饵料生物，如浮游植物、浮游动物、底栖动物、水生植物等。人工饲料是通过人们劳动取得的饲料的统称，包括三大类：一是植物性饲料，主要有藻类（硅藻类、绿藻类、蓝藻类、裸藻类、黄藻类等）、谷物类（麦粉、玉米粉、麦麸、米糠、豆渣）等；二是动物性饲料，主要有浮游动物（原生动物、枝角类、桡足类、轮虫等）、活体饵料（蚯蚓、蚕蛹、黄粉虫、蝇蛆、螺、蚌和小鱼虾等，最喜欢吃蚯蚓）及动物下脚料（猪肝、猪肺、牛肝、牛肺）等；三是人工配合饲料，主要有粉状料、颗粒饲料（图20）、微囊颗粒浮性饲料。黄鳝偏食动物性饲料，饲料要求鲜活、不变质。在人工养殖条件下，为达到预期产量，应准备充足的饲料，进行规模化养殖时更为重要。

图20　黄鳝配合饲料

二、影响黄鳝对蛋白质需求量的因素

黄鳝对饲料中蛋白质的需求量较高，蛋白质需求量与以下几个因素关系密切。

1. 品种与规格

黄鳝要求饲料蛋白质含量高，但不同地域、不同品种的黄鳝对饲料蛋白质的要求不完全一样。同时，黄鳝对饲料蛋白质的需求量与其年龄关系密切，幼鳝、子鳝生长速度快，对蛋白质要求高，而成鳝生长速度慢，对蛋白质要求低一些。

2. 生理状态

黄鳝因生态环境恶化或生病或生长停滞，对饲料蛋白质需求量就低；黄鳝生长迅速，代谢旺盛或性腺趋于成熟，对蛋白质需求量就高。

3. 环境条件

水温对黄鳝的蛋白质需求量有直接影响，水温高，黄鳝对饲料中蛋白质含量要求就高，反之就低；溶氧量与二氧化碳浓度也直接影响黄鳝的生理活动及代谢强度，影响黄鳝饲料蛋白质的最适含量；水体中天然饵料丰富，直接为黄鳝补充高蛋白饵料，显然对人工饲料蛋白质要求就降低了；反之，对饲料蛋白质需求量就高。

4. 饲料蛋白质中氨基酸组成

饲料蛋白质中氨基酸含量丰富，组成比例合理，蛋白质利用率高，黄鳝对这种蛋白质的需求量就可减少，否则就会增加需求量。

5. 饲料中非蛋白能量

若饲料中可利用的非蛋白能量丰富，黄鳝不需要消耗过多的蛋白质转化为能源，则对饲料蛋白质需求量的要求就低，否则就高。

6. 集约化程度

进行池塘、无土流水、网箱等高密度强化养殖，必须补充高蛋白质饲料才能使黄鳝得到最佳生长，而洼塘及大水面稀养对饲料蛋白质的要求可适当降低。

三、黄鳝饲料中氨基酸的作用

氨基酸是构成蛋白质的基本单位。黄鳝摄食饲料蛋白质后并不能直接吸收利用，而是在消化酶的作用下，将其逐渐分解成各种氨基酸，通过肠道进入血液后吸收。黄鳝对饲料蛋白质的需要，本质上是对组成蛋白质的氨基酸的需要。蛋白质由22种氨基酸组成，每一特定的蛋白质都有自己独特的氨基酸组成及比例。鱼体内能自行合成其中12种氨基酸，这些氨基酸称为非必需氨基酸；而另外10种不能在鱼体内合成，必须从饲料蛋白质中供给，这类氨基酸称为必需氨基酸，它们是赖氨酸、精氨酸、组氨酸、亮氨酸、异亮氨酸、缬氨酸、苏氨酸、色氨酸、蛋氨酸、苯丙氨酸，另外胱氨酸可部分（60％）代替蛋氨酸，酪氨酸可部分（60％）代替苯丙氨酸。有时把这两种氨基酸和必需氨基酸一起考虑，称半必需氨基酸。饲料中缺乏任何一种必需氨基酸，均会影响饲料蛋白的营养价值，影响黄鳝的生长。

在制定饲料配方时，各种蛋白质饲料要合理搭配，使各种氨基酸之间取长补短，达到或接近氨基酸平衡，以提高蛋白质饲料的利用率。

四、黄鳝饲料中脂肪的作用

脂肪是化学高能物质，氧化所产生的生理热能是蛋白质和碳水化合物的2.5倍，是鳝体组成的重要成分。黄鳝对脂肪有较高的消化率，尤其是低熔点脂肪，其消化率一般为90％以上，有的甚至能完全吸收。脂肪由各种脂肪酸和甘油组成，可提供鱼类必需脂肪酸，并作为脂溶性维生素（维生素A、维生素D、维生素E、维生素K）的载体，促进其吸收。

在饲料中添加适量的油脂，可节约蛋白质，提高饲料的利用率。脂肪的营养价值高低主要取决于脂肪中必需脂肪酸的含量。必需脂肪酸是指黄鳝本身不能合成，只有通过摄食而获得的不饱和脂肪酸。当饲料中缺乏必需脂肪酸时，鱼体就会出现一些必需脂肪酸缺乏症，如生长缓慢、体色异常、易发皮肤病、尾鳍破损、出现脂肪肝、鱼体含水量上升等症状。黄鳝饲料中的脂肪含量并非越高越好，过量脂肪会引起黄鳝体内脂肪积累，使品质下降，影响食用价值，严重时会引起水肿及脂肪肝。饲料中脂肪的最佳需求量因黄鳝的种类、年龄、水温等因素而定，一般渔用饲料中应含有 4%～10% 的脂肪，水温高时脂肪含量要求高些。

五、黄鳝的配合饲料

随着渔业生产的发展和科学技术的进步，我国黄鳝养殖有了显著变化。从养殖方式看，已经不仅仅有池塘养殖一种，洼坑养鳝、流水养鳝、稻田养鳝、网箱养鳝等已逐步普及，工厂化养殖也悄然兴起。这些养殖方式的普及和发展依赖于配合饲料的广泛使用。现代化健康养殖生产，除了选择优良品种、改善养殖环境、实行高密度放养、加强科学饲养管理之外，应用高效配合饲料是一个非常重要的措施。

配合饲料是根据养殖对象以及它们不同生长阶段的营养需求，采用多种饲料原料，经科学配方加工配制成的复合饲料。我国在 21 世纪初研制成功黄鳝配合饲料，至今虽然只有数年时间，但产品规格和生产数量已经位居世界首位。配合饲料的研制成功并工业化生产，是现代黄鳝养殖技术的重大突破。配合饲料把能量饲料、蛋白质饲料、矿物质饲料等多种成分按科学比例配制，营养成分全面，适口性好。

六、黄鳝配合饲料的优点

生产实践表明，配合饲料有以下五大优点：第一，营养价值高，适合于集约化生产。配合饲料根据养殖对象不同生长阶段的营养需要，经过科学配方与精细加工配制而成，提高了饲料中各种营养成分的利用率，营养全面，消化利用好，最适合黄鳝集约精养。据测定，配合饲料比天然精饲料的饲料转换率提高 20%～50%。第二，扩大了饲料来源，有利于充分利用粮、油、酒、药、纸、革、食品与石油化工等工副业废渣的再利用，符合可持续发展的原则。配合饲料甚至可以把黄鳝无法直接利用的一些植物的下脚料等，原来不易为其所利用和不喜食的活性物质等，经加工处理后可作为配合饲料的原料，经适当加工与配合组成为其喜食的饲料。第三，可按黄鳝的不同生长阶段配制不同营养成分的饲料，可加工成不同大小、硬度、密度、浮沉、色彩等完全符合黄鳝需要的颗粒饲料，使之最适于养殖各阶段的营养需要。饲料有高度的适口性，饲料中营养成分特别是数量极少的添加剂不易在水中流失，饲料基本上粒粒入口，可以降低饲料系数、改善水质环境、提高黄鳝成活率。在饲料加工过程中，高温可以杀死细菌和寄生虫卵，并使饲料原料中的毒素被破坏，可减少由饲料传播的疾病发生，有效预防黄鳝疾病，对健康养殖特别有利。第四，配合饲料可以用现代先进的加工技术进行大批量工业化生产，便于运输和储存，适应规模生产发展，特别适合现代集约化养殖需要。第五，颗粒配合饲料的广泛应用，改变了传统养鳝旧观念，可以利用机械定时、定量投喂，提高劳动生产率，有利于黄鳝养殖向设施渔业方向发展。现在各地池塘养殖工作，已经逐步以各种机械替代了昔日繁重的体力劳动。

七、黄鳝配合饲料配制应遵循的原则

在设计配制黄鳝专用配合饲料时，要注意遵循以下原则：一是必须根据黄鳝不同生长阶段的营养需要与饲料营养价值，编制营养平衡的饲料配方。配制时，重点放在蛋白质、氨基酸含量、微量元素及其比例上，使之符合营养标准和平衡的要求。同时，应将饲料中粗纤维的含量控制在最低限度，以提高消化吸收效果。二是应选择多种原料相配合，尽量达到蛋白质和氨基酸的平衡。各种饲料原料营养价值各有所长，相互配合可取长补短，提高饲料营养价值。还应当选用添加剂，改善饲料营养成分，提高饲料的使用效果。三是必须注意饵料原料各营养成分的可消化性与饲料的适口性。要根据黄鳝饲养阶段消化生理的特点、摄食习性与嗜好，选择最佳的原料。四是黄鳝饲料中使用的促生长剂、维生素、氨基酸、无机盐、抗氧化剂或防腐剂等添加剂的种类及用量，必须符合国家有关法规和标准规定；饲料中不得为防治疾病或促进生长而添加国家禁止使用的药物，不得在饲料中添加未经农业部批准的用于饲料添加剂的兽药。五是设计配方时，应考虑到原料来源，要利于储藏、运输和使用，取得最大经济效益。

八、黄鳝配合饲料配方设计

饲料配方设计的计算方法有多种，但常用的实用方法为"方块法"。本方法适于计算原料选用种类不多、营养指标考虑较简单的配方设计。目前，我国养鳝使用颗粒饲料最多，生产量也最大，不少有一定生产规模的养殖场都可以自行生产。下面以黄鳝饲料为例做以说明。

首先，确定可获得原料的种类，如选用鱼粉、豆饼、麸皮、玉米和大麦。然后，根据黄鳝的营养需求标准，参考饲料原料价格，确定饲料的蛋白含量，人工配合饲料中的动、植物性蛋白比例为 6：4，用豆饼、菜籽饼、鱼粉（或蚕蛹粉）、血粉配制成，如水温升至 25℃ 以上时，动物性饲料比例应提高到 80%。

动物性饲料一般不宜单独投喂，否则容易使黄鳝贪食不消化，肠呼吸不正常，"胀气"而死亡，最好是动、植物饲料搭配投喂。可根据各地饲料源，因地制宜调制黄鳝配合饲料。以下两种配方可供参考：①鱼粉 15%，豆粕 20%，菜籽饼 20%，四号粉 25%，米糠 17%，添加剂 3%。②鱼粉或肉粉 5%～10%，血粉 20%，菜籽饼粕 30%～40%，豆饼粕 15%～20%，麦麸 20%～30%，次粉 5%～8%，磷酸氢钙 1%～2%，食盐 0.3%，并适量加大渔用无机盐及维生素添加剂。

九、黄鳝饵料——水蚯蚓培养关键技术

常见问题及原因解析

养殖户养殖规模小时，一般都是采集天然水蚯蚓（图 21）作饵料，随着养殖规模的扩大，天然饵料不能满足生产，需要自行培育水蚯蚓，但缺乏对水蚯蚓的生物学习性、生活环境等专业知识的了解，生产上存在一定的盲目性。

图 21 水蚯蚓

水蚯蚓属水生环节动物门寡毛纲的淡水底栖类，具有较高的营养价值。人工饲养简单易行。

第一，选择水源良好的地方建池。池宽1米，长5米，深20厘米，两端分别设一进水口和一出水口，池底敷三合土。

第二，选择含有机质丰富的泥做培养基原料。培养基厚10厘米为宜。基底每平方米用2千克甘蔗渣（或其他无毒植物），然后注水浸泡。每平方米施入6千克牛粪（或其他家畜、禽粪肥）做基肥。放苗种前每平方米再施入米糠、麦麸、面粉各1份的发酵混合饲料150克。

第三，每平方米放入水蚯蚓种250克左右。水蚯蚓是雌雄同体，异体受精，一年四季都可引种繁殖。一年中，以28℃以上温度繁殖最快，产卵最多，孵化率最高。水蚯蚓生殖时，常有群聚现象。蚯蚓卵孵化期在22～32℃时为10～15天，一般引种后10～15天即有大量幼蚯蚓密布土表。幼蚯蚓出膜常以头从卵的柄端伸出。刚孵化出的幼蚯蚓，体长6毫米左右，像淡红色的丝线。性成熟的水蚯蚓，环节呈明显白色。人工培育的水蚯蚓，寿命约80天，体长最长60毫米。

第四，饲养池水深以3～5厘米为好，过浅或过深均不利于水蚯蚓生长。水蚯蚓常喜集于污泥表层3～5厘米处。有时尾部微露于培养基表面，受惊时尾鳃立即缩入泥中。水中缺氧时，尾鳃伸出，在水中不断荡漾。为了提高产量，培育池的水应保持缓慢流动，进、出水口应设牢固的过滤网布，以防敌害进入。

第五，投喂饵料时应停止流水。一般3天投喂1次，每次投喂量为每平方米用发酵的牛粪2千克和精饲料0.5千克，经稀释后均匀泼洒。

第六，水蚯蚓繁殖力强，生长快，一般引种后25天就可采收。采收方法是，采收前一天断水或减小水流，迫使饲养池中缺氧，以捞取成团的水蚯蚓。

十、黄鳝饵料——蚯蚓培养关键技术

养殖户缺乏了解蚯蚓生物学习性、生活环境特点等专业知识，加之不良场家夸大蚯蚓养殖效益及养殖技术的宣传，养殖户花高价引种，达不到预期养殖效果，进而影响了黄鳝的生产。

破解方案

蚯蚓（图22）属环节动物门寡毛纲的陆栖无脊椎动物。其喜温，喜湿，怕光，怕盐。适宜温度为5～30℃，最适温度在20℃左右，32℃以上停止生长，5℃以下处于休眠状态。蚯蚓生长繁殖的环境，以中性或微酸、微碱性为宜。蚯蚓饲养场应遮阳避雨，避免阳光直射，排水和通风良好，温度适宜，并能防止鼠、蛇、蛙、蚂蚁等危害。适宜于室内工厂化养殖品种有赤子爱胜蚓、大平二号、北星二号。室温控制在15℃以上，可全年连续生产。

图22 蚯蚓

养殖池四周用砖砌墙，水泥抹缝。底面倾斜，低斜处墙角设排水孔。饲养池墙高40～60厘米，面积以3～5米²为宜。

培养基料主要包括粪料和草料两种。粪料可用牛、马、猪、羊或鸡等的粪便，也可用食品下脚料、烂菜、瓜果等，占基料的70%；草料如杂草及各种树叶等，占基料的30%，亦可用生活垃圾堆制。

　　基料的堆制，一般是铺一层粪料，铺一层草料，边堆料边分层浇水。下层少浇，上层多浇。当堆制4～5天后，可进行翻堆并洒水，以后再翻堆几次。总堆制时间一般为30天左右。

　　饲料种类有粮油下脚料、麦麸、米糠等蛋白质含量较高的成分以及烂水果、植物茎叶等纤维素含量较高的成分。值得注意的是：无论基料还是饲料，都必须充分腐熟分解，无不良气味，呈咖啡色才能使用。

　　在养殖池内铺基料20～30厘米后即可放蚓种。放养密度为每平方米2 000～20 000条。每隔15天左右补充基料1次，并可不定期投放适量的香蕉皮、菜叶和糖类。每1～3天淋水1次，以保证基料湿润（相对湿度为40%～70%）并每月清除上层蚓粪1次。每年3～7月和9～10月是蚯蚓的繁殖旺季，成蚯蚓每13天产卵茧1次，应增加优质、细碎的饲料，并隔15天左右清粪、取茧1次。每块卵茧可繁育出3～7条幼蚯蚓。

　　收获蚯蚓，可直接挖捕或以钨灯光热驱集，也可用四周开有若干小孔的竹筒插入基料中，筒内装诱饵（香蕉皮等）进行诱捕。这种竹筒可以多次插于基料中，随时收获。一般每立方米基料可年产蚯蚓40千克，每平方米基料年产蚯蚓可达15千克。

十一、黄鳝饵料——蝇蛆培养关键技术

常见问题及原因解析

　　养殖户认为蝇蛆适应性强，环境要求低，就地取蝇繁殖生产，或者引种后疏于管理，结果蝇蛆繁殖率低，生长速度慢，影响黄鳝生产。

破解方案

　　蝇蛆（图23）也是黄鳝喜食的饵料。培育1千克鲜蛆的成本在0.5元左右。在常温下，从孵化到提取蝇蛆约需4天。据测定，鲜蛆含粗蛋白质12.9%，粗脂肪12.6%，并含有鱼类所必需的氨基酸、维生素和无机盐。

而且，无论是直接投喂，或是经干燥打成粉、制成人工颗粒饵料投喂，均可。

图23　蝇蛆

　　饲养蝇蛆的技术要点是：①蝇蛆的来源从一些已引进家蝇的单位购买，如北京药用动物研究所、湖北省当阳市实用技术研究所。②蝇、蛆培育场地闲置的禽、畜养殖房，旧保管室均可。但门窗必须关闭严密，光照要理想。③饲养种蝇设施需长、宽、高分别为70厘米、40厘米、10厘米的敞口盒状容器作蝇蛆培养盘，另需准备竹制或木制多层蛆盘存放架以及羽化缸、蝇笼、普通称料秤、拌料盆等。④种蝇饲养管理的注意要点：第一，将蛹用清水洗净，消毒，晾干，盛入羽化缸内。每个缸放置蛹粒5 000粒左右，然后装入蝇笼，待其羽化。这样每只蝇笼家蝇数量即控制在5 000只左右。第二，待蛹羽化（即幼蛹蜕壳而出）5%左右时，开始投喂饵料和水。第三，种蝇的饵料可用畜禽粪便、打成糨糊状的动物内脏、蛆浆或红糖和奶粉调制的饵料等。如果用红糖奶粉饵料，每天每只蝇用量按1毫克计算。室温在20～30℃时，可一次投足，超过此温度时分2次添加。饵料厚度以4～5毫米为宜。第四，种蝇开始交尾后不得超过2天，即应将产卵缸放入蝇笼。第五，接卵料采用麦麸加入浓度0.01%～0.03%的碳酸铵水调制，相对湿度控制在65%～75%，混合均匀后盛在产卵缸内，装料高度为产卵缸的2/3，然后放入蝇笼，集雌蝇入缸产卵。每天收卵1～2次。每次收卵后，将产卵缸中的卵和引诱剂一并倒入培养基内孵化。每批种蝇饲养20天后即行淘汰。其方法是移出饵料和饮水，约3天种蝇即被饿死。第六，淘汰种蝇后，笼罩和笼架应用稀碱水浸泡消毒，然后用清水洗净晾干。第七，为达到均衡生产种蝇的目的，应分级饲养，分批淘汰，及时补充。⑤蝇蛆的饲养管理主要应注意以下4个方面：第一，培养基的选择。蝇蛆以发酵霉菌为食料，麦麸是较好的发酵霉菌培养材料，将麦麸加水拌匀，使其相对湿度维持在70%～80%，盛入培养盘，再将卵粒埋入培养基内让其自行孵化。一般每只盘可容纳麦麸3.5千克。第二，按每只盘平均每天产蛆0.5千克设计培养盘的数量。第三，放卵量的计算。卵粒重0.1毫克，2克卵约20 000个卵粒，可产鲜蛆0.5千克。1个培养盘约可置卵8克。第四，随着蛆的生长和麦麸的发酵，盘内温度逐步上升，最高可达40℃以上，这会引起蝇蛆死亡，因此要注意降温。

十二、黄鳝饵料——黄粉虫培养关键技术

常见问题及原因解析

　　一些不良场家夸大黄粉虫养殖技术及效益，加之养殖户缺乏对黄粉虫生物学习性、生活环境、繁殖学特点等专业知识的了解，造成引种养殖失败，进而影响黄鳝养殖生产。

破解方案

　　黄粉虫（图24）可以代替蚯蚓、蝇蛆作为黄鳝、对虾、河蟹的活饵料。黄粉虫营养价值很高。据报道，其含蛋白质47.68%，脂肪28.56%，碳水化合物23.76%。其养殖技术简单，一人可管理几十平方米养殖面积，可

图24　黄粉虫

以立体生产。黄粉虫无臭味，可以在居室中养殖；生产成本低，用 1.5~2 千克麦麸可以培育出 0.5 千克黄粉虫。

1. 培育方式

黄粉虫的培育技术比较简单，根据生产需要可进行大面积的工厂化培育或小型家庭培育。

（1）工厂化培育　此种生产方式可以大规模提供黄粉虫作为饵料。适合黄鳝、鳖等的养殖需要。工厂化养殖是在室内进行的，饲养室的门窗要装上纱窗，防止敌害进入。房内安放若干排木架（或铁架）。每只木（铁）架分 3~4 层，层与层间隔 50 厘米，每层放置 1 个饲养槽，槽的大小与木架相适应。饲养槽可用铁皮或木板做成，一般规格为长 2 米，高 0.2 米，宽 1 米。若用木板做槽，其边框内壁要用蜡光纸裱贴，使其光滑，防止黄粉虫爬出。

（2）家庭培育　家庭培育黄粉虫，可用面盆、木箱、纸箱、瓦盆等容器放在阳台上或床底下养殖。容器表面太粗糙的，在内壁裱贴蜡光纸即可使用。

2. 饵料及其投喂法

人工养殖黄粉虫的饵料分两大类：一类是精饲料，即麦麸和米糠；一类是青饲料，即各种瓜果皮或青菜。精饲料使用前要消毒晒干，新鲜麦麸也可以直接使用。青饲料要洗去泥土，晾干再喂。不要把过多的水分带进饲养槽，以防饵料发霉。发霉的饵料最好不要投喂。

3. 温度与湿度

黄粉虫是变温动物，其生长活动、生命周期与外界温度、湿度密切相关。各态的最适温度和最适相对湿度见表 3。

表 3　黄粉虫各态的最适温度和最适相对湿度

项目	卵	幼虫	蛹	成虫
最适温度（℃）	19~26	25~29	26~30	26~28
最适相对湿度（%）	78~85	30~85	78~85	78~85

专题五
黄鳝病害防治关键技术

专题提示

养殖户一般认为黄鳝发病的主要原因是由于病原如病毒、细菌、真菌、寄生虫等引起，忽略环境因素和黄鳝自身健康状况以及黄鳝体内外的微生态系统，因此在养殖管理中多出现忙于治病而忽视防病，严重影响养殖产量和养殖效益。

黄鳝病害发生的原因可以从"环境—致病体—养殖动物"等宏观生态系统以及黄鳝体内外的微生态系统两方面来加以认识。宏观生态系统主要指黄鳝生活的自然环境和人为管理，自然环境包括水温、水质和底质等，人为管理包括放养密度和混养比例、饲养管理、机械损伤和投喂饲料等；黄鳝体内外微生态系统主要指黄鳝体内微生物（病毒、细菌、真菌、寄生虫等）和黄鳝自身免疫系统。

一、引起黄鳝发病的自然因素

常见问题及原因解析

养殖户通常认为黄鳝发病的自然因素最主要的是水体中溶氧不足，采取的管理措施都是增氧，结果由于底质淤泥过多，增氧效果不明显，加之其他有害因素导致黄鳝发病。

破解方案

引起黄鳝发病的自然因素有：

1. 水温

黄鳝是鱼类，其体温的升降随生活水体水温变化而变化。如果水温急剧升降，鱼体不易适应，便能发生病理变化乃至死亡。各种病原体在合适温度水体中也将大量繁殖，导致病害发生。

2. 水质

水质情况可根据测定水体酸碱度(pH)、溶氧量、有机质耗氧量、肥度与透明度来确定。黄鳝在较好水质环境下有利其生长。如果 pH 过高或过低，溶氧量太低，环境中污染废物积累等会影响其生长，发生浮头、窒息死亡、畸形等。

3. 底质

养殖水体底质是指水接触的土壤和淤泥层。尤其是淤泥中含大量营养物质，如有机物、氮、磷、钾等，通过细菌分解及离子交换作用，可不断向水中溶解和释放，为饵料生物的生长提供养分。淤泥具有供肥、保肥和调节水质的作用。保持适量淤泥层是必要的，然而淤泥堆积过多，有机废物含量过大，不仅对黄鳝有毒害作用，还会使水质变酸性，夏秋季节缺氧，抑制黄鳝生长，甚至危及其生命。淤泥中的营养物质也是病原菌的良好培养基，一些无机物能促进病菌毒力增强。淤泥堆积越多，疾病发生的可能性越大。养殖实践证明，养殖水体的清淤、晒塘消毒后，鱼病发生率便可下降。有些塘口长期不清淤，鱼病则频繁发生，防不胜防，严重时甚至绝收。

二、引起黄鳝发病的人为因素

常见问题及原因解析

养殖户一般认为黄鳝发病的人为因素主要是平时饲养管理不当，而忽略了苗种放养、投放饲料质量等，尽管其饲养管理小心谨慎，但黄鳝病害还是时有发生。

养殖户要全面了解引起黄鳝发病的人为因素，其主要有：

1. 放养密度和混养比例

放养密度和混养比例与病害发生关系很大，因为这些与同一生态位的生存条件、致病原密度和传播速度及同一类废物和残饵的积累密切相关，会影响养殖对象的体质、生长及病害发生概率。

2. 饲养管理

疏于管理或管理不当，会降低养殖对象的生长速度，削弱其抗病力，失去病害早期防治的时机，从而导致病害流行，也会使养殖环境逐步恶化，使病害发生更严重。

3. 机械损伤

在黄鳝收购、苗种运输、捕捞等过程中缺乏预先筛选、暂养不当以及操作损伤，导致体质下降、体表及身体受伤、黏液过多丧失等，使其容易感染病害或是对环境变化适应性减弱。

4. 饵料

自然饵料或人工投喂的饵料带病或营养缺失都将可能带来病害发生。

三、引起黄鳝发病的生物因素

养殖户通常认为黄鳝发病的主要生物因素为病原体，缺乏对病原体生物学特征的了解。因此，在养殖管理过程中，盲目地进行消毒杀虫，导致水质恶化、黄鳝体质下降，同样会使黄鳝经常发病。

养殖户了解病原体生物学特征以及与养殖动物之间的关系，有目的地进行病原生物的控制是黄鳝病害防治的关键。

使养殖对象致病的生物，称为该对象病原体。由病毒、细菌、真菌和藻类等侵袭引起的疾病，通常称为传染性病；由原生动物、吸虫、线虫、绦虫、甲壳动物等寄生虫引起的称寄生虫病。另外，还有许多敌害生物，如鼠、鸟、水蛇、蛙类、凶猛鱼类、水生昆虫、青泥苔、水网藻等。

养殖水体如没有病原体存在或至少将病原体控制在不足危害的程度以下，鱼类和其他水生动物的疾病就不可能发生。病原体是寄生生物，它们不能在外界环境中长期存活或繁衍，而必须在其宿主体内繁衍。病原性鱼病的传染源多来自鱼类，特别是寄生有病原体而一时未发病的传染源，使病原传播得更快、更隐蔽。有一些鱼类寄生虫，其发育阶段中的幼虫期是在鸟、兽、人体内度过的，所以鸟、兽、人也成了某些养殖对象寄生虫病的传染源。

黄鳝、泥鳅等鱼类病原体排入水中，随水流的排灌而进入其他养殖水体，原有病原体的水域就成为疫源地。

病原体传染力的大小与病原体在宿主体内定居、繁衍以及从宿主体内排出的数量有密切的关系。有利于寄生生物生长繁衍的环境，其传染力将是很强的；反之，采用药物杀灭和生态学方法抑制病原体活力，将使其传染力降低或病原体被消灭，这就不利于寄生生物的生长繁衍，鱼病的发生机会就少了。

病原体的致病力是病原体侵入鱼体后引起疾病的能力。多取决于病原体的数量，数量的增多又取决于适应寄生生物的生活环境。致病细菌的毒力还有强弱之分。在鱼体中的病原体数量越多，病害症状就越严重。

病原体是导致病害发生的先决条件。切断病原体进入养殖水体的途径，根据病原体的传染力与致病力的特性，有的放矢地进行生态防治、药物防治和免疫防治，减少病害发生，将其控制在不足危害的程度以下，才能减少经济损失。

四、黄鳝对疾病的易感性和抗病力的关系

常见问题及原因解析

养殖户对黄鳝自身免疫力即抵抗力的相关知识的缺乏，错误地认为

发病就是环境或病原体的原因造成的，导致平时管理行为只重外因，忽略增强黄鳝自身抵抗力。

破解方案

养殖户应了解黄鳝自身免疫力即抵抗力的相关知识。其主要内容有：

病原体进入养殖水体后，缺少易感对象，疾病仍不会发生，所以易感的和抗病力差的养殖对象是疾病发生的必要条件。鱼的种类不同，有时病害互不传递。黄鳝对疾病的易感性是随非特异性免疫力及特异性免疫力的强弱而变化的。

根据养殖对象免疫应答对于抗原有无针对性，分为非特异性免疫力和特异性免疫力。

非特异性免疫力至少包括生理因素、身体防卫结构两部分。生理因素的非特异性免疫力随年龄、体温、营养及呼吸等变化而不同。例如，有些寄生虫是苗种阶段常见流行病，随年龄增长，即使有病原体存在，也不易引起疾病发生。在水温较低的北方寒冷地区或秋冬季节，大多数微生物性疾病则不发生。在缺氧条件下，鱼类则容易发病等。

影响黄鳝等鱼类非特异性免疫力的身体防御功能因素主要有皮肤等表面屏障以及黏液与吞噬细胞组成的第二道防线。皮肤及黏液是鱼体抵抗寄生生物侵袭的重要屏障。因此，保护鱼体不受损伤，避免敌害致伤，病原就无法侵入，如赤斑病、打印病和水霉病就不会发生。养殖水体中化学物质浓度太高，会促使黄鳝分泌大量黏液，黏液过量分泌，就起不到保护鱼体的作用而不能抵御病原菌侵入。病原微生物进入鱼体，常为吞噬细胞所吞噬，并吸引白细胞到受伤部位，一起吞噬这些外源异物，表现出炎症反应。一旦吞噬细胞和白细胞的吞噬能力难以阻挡病原微生物的生长和繁衍速度时，局部病变将随之扩大，超过鱼体忍受力而导致鱼类死亡。因此，健康养殖是预防疾病发生的重要措施。

特异性免疫力是机体在生命过程中接受抗原性异物刺激后产生的，又称获得性免疫。按照获得方式的不同，可分为自动免疫和被动免疫。

除极少数病毒性、细菌性疾病能在一次获得特异性免疫后可终身免疫以外，绝大多数疾病的特异性免疫力有一定时限。所以，根据已掌握的鱼病发病原因，控制和改善养殖水体的环境条件，增强养殖对象机体抗病力，是防治养殖对象疾病发生的关键。

五、鳝病发生与黄鳝体内、体外微生态系统的关系

常见问题及原因解析

养殖户把黄鳝发病的原因多归于大环境的影响，不了解微环境的相关知识，甚至采取的一些措施破坏了微环境，最终引发疾病。

破解方案

加强学习，了解鱼病发生与鱼体（养殖对象）体内、外微生态系统（微环境）的相关知识，主要有：

1. 致病体

从宏观生态系统来分析环境养殖对象之间的关系，从而采取相应措施，这对于防治病害发生也是必要的。但是，如果只把致病微生物看作疾病发生的主体，而忽视养殖对象体内、体外微生态系统的存在，没有正确认识养殖对象与其体内、体外其他微生物间的关系，便往往会影响疾病防治的效果，甚至导致疾病防治的失败。所以，水域微生态系统（包括养殖对象体外与体内的微生态系统）与水产动物健康养殖关系十分密切。

2. 什么是微生态系统

无论对群体还是个体，微生物都具有两重性，也就是有益和有害的两方面，既有致病作用，也有生理作用，致病作用和生理作用是相对的。一般情况下，微生物普遍存在，其存在是必需的，甚至是有益的，只是在特殊状态下，才会表现出致病作用。各种各样的微生物处在一种相生相克、互利共生、生存竞争、食物链循环和生态协调平衡的状态中。它们与其相应的生态环境构成的一种"动态平衡"，我们习惯称此为微生态系统。

3. 影响微生态平衡的因素

从病原学角度分析，水域微生态系统组成的核心是病原微生物、条件致病微生物以及非致病微生物（包括有益微生物），它们之间是相互影响与相互制约的，一类微生物群体的消长将会影响到另一类微生物的数量，从而关联到养殖对象疾病是否发生。对水域微生态平衡起直接作用的因素有养殖对象水域环境中其他生物、陆生生物、人们生产活动、养殖对象的生理机能、营养状况及排泄物等。对水域微生态平衡起间接作用的有人们生产活动中的投饲、投药、换水、施肥、加入有益微生物和给予疫苗等。虽是间接作用，但极为重要，对水域微生态系统会造成非常明显甚至不可逆转的影响。

4. 水产养殖对微生态系统的影响

水产养殖中，往往养殖对象的单位水体密度大大高于自然界中所分布的密度，为此，强化投饲、经常投放药物等，促使黄鳝排泄物大量增加，其结果是在一定程度上抑制了有益微生物生长，为有害微生物提供了滋生的条件。残饵、排泄物等这类有机废物积累，便会使水环境变坏，使厌气性微生物为主导，水产养殖中这些致病微生物、条件致病微生物及部分有害微生物基本上是厌气性微生物，所以致病微生物数量就会增加。因此片面强调提供类似养殖动物原来所生存的天然生态环境是不可能的，也是没有必要的，养殖过程本身就是一个破坏原水域微生态系统的过程。我们人类的作用就是要矫正失调，使其达到一种新的较为合理的动态平衡。

5. 从微生态平衡认识鱼病发生原因

养殖对象处在健康状态时，其体内、体外环境当中的非致病微生物保持着优势种群，它们通过参与宿主"生理系统"活动，或抑制致病微生物增殖，或与其他微生物"合理共存"，这时微生态系统内各种群处在一种相对和谐状态。如果这种平衡一旦破坏，例如水域环境恶化、投喂变质饲料、药物不合理使用等，从而破坏了养殖对象体内、体外非致病微生物或有益微生物种群，引起致病微生物数量剧增或条件致病微生物致病力增强等，这时养殖对象便可能发生病害。另外，使用消毒剂杀灭病原微生物的同时，也会将大量有益微生物杀死，要使这些有益微生物恢复，则要经过较长时间和花费较大的精力。所以，长期或大量使用药物，会引起养殖对象的二重感染或发生药源性疾病。经验告诉我们，水产养殖动物一旦发病，很难马上治愈，往往要花费较大努力和费用。以上说明矫正微生态系统不正常平衡是较困难的。因此，维持养殖对象微生态系统正常状态，使其不受破坏，对防治疾病发生极其重要和十分必要。

六、黄鳝病害诊断的关键技术

常见问题及原因解析

养殖户不重视平时养殖管理记录，对黄鳝活动情况没有认真观察，在黄鳝发病时出现诊断盲目，误诊现象。

破解方案

正确诊断黄鳝病害是防治疾病的关键，平时养殖管理过程中，详细记录养殖管理措施、黄鳝发生病害的特征、详细检查病体等才能做到准确诊断，对症下药，为进一步采取防病措施提供依据。

七、黄鳝养殖管理记录的内容

常见问题及原因解析

因与养殖效益相关，养殖户注重苗种放养数量、规格、投喂饲料数量、施用渔药数量的记录，忽略对池塘清整、苗种来源、养殖管理措施以及水质变化等记录。

破解方案

1. 加强饲养管理

黄鳝发病常与饲养管理不善相关。底质有机质含量过高，饲料质量较差，饲喂不适当，过量投喂，都会引起水质恶化，氨、氮和亚硝酸盐含量高，水中缺氧，给病原体和敌害的生长、繁衍提供了有利环境，不同环节处理不当，也很容易造成鱼体受伤，致使例如白皮病、水霉病等发生。所以，对池塘清整消毒、苗种来源、筛选方法、苗种运输和暂养、放养规格和密度、养殖过程摄食情况和投喂方式、饲料种类、收捕操作等各方面的具体情况以及历年发病情况，都应详细记录，以便做正确判断，采取有效措施。

2．加强水质管理

水质酸碱度（pH）和溶氧量变化也是造成病害原因之一，应及时简单测定水质变化并做记录，如果特别怀疑水质变化引起病害死亡时，还应进行水化学成分分析。如果是温室环境，还必须记录光照、进出水处理情况等。

八、黄鳝发生病害特征记录的内容

常见问题及原因解析

养殖户关注发病黄鳝体表症状较多，而对于其活动情况关注相对较少，黄鳝体表症状出现已经是发病后期，结果导致错失防治时机，导致发病。

破解方案

记录黄鳝的病态现象主要有急性症状和慢性症状。

疾病发生过程有急性和慢性之分。急性型疾病在体色、体质上往往与正常的差别不大，但仔细观察，病变部位尚有变化。一旦出现死亡，会在短期内出现死亡高峰。例如，急性鳝病死亡率较高，发病到死亡一般3天左右或更短；离巢穴后不再回洞，游态迅猛，之后转为迟钝；病变部位局部色暗无光，失去正常弹性。

急性中毒症状较明显，一般在6～48小时死亡，及时发现时一般有以下不正常状态：所有黄鳝倾巢而出，游态迅猛，上下蹿跃、翻滚，如逃逸状。初期及时换池解毒尚可救治。体表失去光泽，并略显小红斑，该症状救治效果较差。体表失去光泽，呈体色灰白，疹斑明显，黏液大量分泌脱落，用手很易捉住，逐渐死亡。在短时间内会出现大批死亡，而且与其同一水域的其他鱼（包括野杂鱼）都死亡。当黄鳝在水中急躁不安，一会儿上跳下蹿，一会儿急剧狂游，这时应考虑两种情况，要么是体表有寄生虫侵袭，要么是水中含有有毒物质，如农药、有毒工业废水等，都会引起这种情况。若是由于寄生虫引起的，出现死亡数量缓慢增加，但死亡率不高；若是由于中毒引起的，则出现短期内大批死亡，包括其他鱼也如此。

慢性型疾病表现为黄鳝体色发黑、体质瘦弱、离群独游、活动缓慢，死亡率缓步上升，在较长时间内出现死亡高峰，有时则不出现死亡高峰，只是长期内死亡不断。有时在同一养殖水体，每年会出现同一种病害，这就应调查病史情况，为病害确诊提供资料。慢性疾病有时鉴别和诊断较为困难，特别是发病初期更是如此。作为慢性病症其最显著特征有如下几点可做参考：①离开巢穴或半离开。绝大多数病鳝出洞后不再回巢，直至死亡；少部分有回洞趋向，但仅头颈或1/3上身因无力搁置洞外，少数用头钻入洞内而尾部搁置洞外。离群独游，游速缓慢或独处在巢外。②体色灰暗直至灰白，行动迟缓，日渐消瘦。③最明显的病状是食欲降低，甚至停食。群体投饵量明显减少，大量剩饵，病体极少上食台、独自游离。④体表黏液增多，黏液分布不均匀，有的黏液特少，手捉即抓到，头嘴体表出血、鳃腔出血等。⑤尾部发白缺黏液，口中充满黏液，眼睛浑浊，体表发炎。体态畸形，整体或部分连续曲折或僵硬性弯曲。出现白斑、红斑、溃疡、烂尾、局部浮肿等。

九、黄鳝发病后病症检查的内容

常见问题及原因解析

养殖户凭肉眼只能看到体表症状，不懂光学显微镜的使用，更不能确定病原体的种类，另外对于内脏系统的功能及症状也不能正确判断，从而不能做出正确的疾病诊断。

对发病黄鳝的检查可分为外部症状检查、内部症状检查和病原体鉴定等。可以目检（体表、鳃、内脏）和利用光学显微镜检查的微观进行诊断。

1. 外部症状的检查

外部症状检查主要用肉眼识别症状和病原体所表现的症状。一般来说，各种病原体对鱼体所引起的症状不同。主要病原体分为微生物性和寄生虫性两大类。黄鳝体内寄生虫有以下症状可帮助判断：身体常呈卷龙状运动；头颈常出现颤抖状；体质消瘦，特别颈部更显瘦弱，食欲减退；解剖后肠内和胸腔、腹腔有成虫，有时形成硬结性肠梗阻。黄鳝体外寄生虫有如下一些症状可帮助判断：身体呈较大幅度翻滚运动；在洞穴内外钻进钻出；游态迅速，摇摆幅度大，摆幅无规律；体型一般强壮，但到后期食欲大减，体质渐衰弱。

肉眼见不到的病原体，可从症状来分析，例如鳝体发青黑，口腔充血，肛门红肿突出，大多是肠炎病；鳝体外表局部发炎出血，出现黄豆或蚕豆大小红斑，严重时表皮呈漏斗状小窝，体表明显出血，表皮腐烂，是赤皮病。肉眼检查有时发现几种病一起并发，这样就应更加仔细检查。

2. 内部症状检查

内部症状检查以检查肠道为主，同时也要检查肝脏等内部器官。检查是否有腹水，检查内脏器官外表是否正常。然后，用剪刀将靠咽喉部的前肠以及靠肛门部位的后肠剪断，取出内脏放置在解剖盘中，逐一分离肝、胆、鳔；再把肠道从前肠至后肠剪开分成前、中、后三段，轻轻除去肠道中的食物和粪便，最后检查。寄生在肠道的寄生虫很容易看到；细菌性肠炎则出现肠壁充血、发炎，肠道无食。

3. 病原体鉴定

病原体鉴定一般运用光学显微镜、解剖镜，对病体做更深入的病原体病理检查。除了一些比较明显而病症比较单一的，凭目检便可准确诊断外，一般都要经镜检才能确诊。

镜检一般是依据目检时所确定的病变部位有选择地进行。检查的部位和顺序与目检相同。检查方法是从病变部位取少量组织或黏液置于载玻片上，如是体表和鳃组织或黏液，可加上少量普通水，内脏组织则应加少量生理盐水，然后盖上盖玻片，并稍加压平，放在光学显微镜下观察。为准确起见，每个病变部位至少应检查 3 个不同点。同一水体有 2 种以上病害出现，需要对各种病原体和感染强度及其对黄鳝危害程度进行比较分析，确定其中主要和次要的病原体，以利于制定治疗措施。

整个诊断过程，应把记录到的第一手材料，结合各种病害流行季节、各阶段发病规律，进行综合分析比较，找出其病因，准确诊断，然后确定治疗方案，对症下药。在诊断和治疗过程中所获取的资料、数据、分析结果，都要做好记录，及时总结、积累诊断和防治病害经验。

十、黄鳝病害防治中预防的关键措施

常见问题及原因解析

养殖户在养殖生产中，对诱发病害因素了解不全面，不能全面实施预防措施，有些措施执行不灵活等，都导致病害频发，影响养殖效益。

破解方案

黄鳝在发病初期从群体上难以被觉察，所以只有预先做好全面预防工作才不至于被动，才能避免重大的经济损失。而病害预防必须贯穿整个养殖工作。

1. 苗种选择

用于人工养殖的苗种最好是人工繁殖的苗种，但这类苗种数量少。目前，养殖黄鳝的苗种大部分来自野生苗种，而野生苗种多为用各种捕捞方法获得，这类苗种往往有较多数量带有内伤或外伤，如果不经选择进行人工养殖，会导致驯养失败，造成经济损失。选购时应注意有以下几种情况的都不宜作为鳝种养殖：带伤有病黄鳝，体表有伤痕、血斑，鳃颈部红肿的等，往往是由于捕捉不当、暂养不当所致。一般应选购笼捕黄鳝。

具有不正常状态的苗种不宜养殖。在黄鳝尾部发白、黏液缺少或无黏液，这是水霉病感染的症状；鳝体有明显红色凹斑，大小如黄豆，这是感染腐皮病症状；黄鳝头大颈细，体质瘦弱，严重时呈卷曲状，这是患毛细线虫病症状，极易传染。

药物中毒的黄鳝不宜养殖。例如被农药毒害，外表尚难辨识，但往往30小时左右（随温度高低而不同）后体色变灰、腹朝上等。

长期高密度积养，运输、暂养后往往由于水少黏液多，温度易升高而致黄鳝患发热病，这类黄鳝人工养殖过程往往陆续死亡，很难治愈。

在较深水中"打桩"的黄鳝往往比在水底安静卧伏的黄鳝体质差，较易死亡。

在选择苗种时除参考上述几点外，可用以下方法挑选：将很容易捕捉、鳝体疲软的黄鳝剔除后，用盐水选苗。盐水的用量以鳝重1∶1左右配制。将盐水装入盆中，深度达盆的3/4，盐水浓度为3％。将鳝种倒入有盐水的盆中，身体有损伤的黄鳝身体疲软的黄鳝，这两类黄鳝都不宜选来人工养殖。其中一些黄鳝较安静地留在盐水中，这部分黄鳝可被选来人工养殖。

2. 消毒养殖水体

黄鳝养殖水体包括底质在内，在养殖水体中好气性微生物一般无害或有益，可将养殖对象的排泄物、残余饲料、浮游生物残体及有机碎屑较完全地分解成二氧化碳、硝酸盐、铵盐、磷酸盐和硫酸盐等溶在水中为单细胞藻类所利用。单细胞藻类的光合作用产生氧气，使水体中溶氧量丰富，有利于黄鳝的摄食、生长，这是一种水体良性循环系统。要是水体中有机物积累过量，耗去水中的大量溶氧，使水体呈缺氧状态，这时厌气性微生物占主导地位，而这些厌气性微生物往往是有害的，一般为条件致病，该条件下的有机废物分解不完全，产生许多中间产物，如硫化氢、亚硝酸盐、氨、胺及有机酸等。这些中间产物对养殖对象有毒害作用。例如，非离子氨不易被带电荷的细胞膜排斥而直接通过进入细胞起杀伤作用，尤其容易攻击黄鳝呼吸系统，造成毒血症。由于底层有机质积聚，氨、氮量比上层高十几到几十倍，因此，人工养殖中在底泥生活的黄鳝极易被氨所毒害，产生结构功能受损，影响气体交换，抑制基础代谢；影响生长，使其对环境适应能力、对污染忍耐能力、对有害微生物抵抗能力减弱而容易发生病害死亡。另外，当氨浓度达 0.1 毫克/升时，对亚硝酸转化为硝酸盐的过程起抑制作用。而亚硝酸根（NO_2^-）会使黄鳝血液中的血红蛋白转变为高铁血红蛋白，使其结合氧的能力减弱，造成血液、组织中二氧化碳积累，组胺增加，使黄鳝体质下降，容易感染发病。黄鳝是偏爱动物性饲料的鱼类，饲料成分中蛋白质含量一般较高，以上这些毒害物质更易在底质水域中积累。在其他鱼类中曾做过 159 次硫化氢急性中毒试验，幼鱼阈值死亡浓度最低只有 0.008 7 毫克/升，最高为 0.084 毫克/升，而且随 pH 下降，硫化氢毒性增强。硫化氢是一种还原剂，能消耗水体中大量溶氧，使水体更显缺氧状态，进一步导致厌气性致病微生物占优势，使整个水质进入恶性循环。在水体恶性循环系统中，除了这些对养殖动物有毒的中间产物直接引起养殖动物中毒、致病外，由于整个水体分解有机物速度慢，进入池塘中的有机物得不到及时降解，在池底淤积，造成池塘老化，也促使病原微生物大量滋生，引起养殖动物致病、死亡。可见，随着养殖生产的实施，生产中所产生的排泄物、残存饵料、浮游生物尸体等有机废物是引起养殖池塘生态环境逐渐恶化的主要原因。所以，消毒养殖水体应包括修整养殖池和进行药物清塘两个方面。

3. 修整养殖池

养殖池经过一段时间使用，淤泥逐渐堆积，如果淤泥过多则必须预先清淤。清淤一般在冬季进行，先排干池水，然后清除淤泥。清淤后让池塘暴晒，严冬冰冻一段时间，然后灌水，有利于杀灭残存的病原体和敌害生物。

（1）药物清塘　因为人工养殖过程就是一个破坏原来水域微生态系统的过程，所以片面强调提供类似养殖动物原来所处的天然生态环境是不可能，也没有必要。例如，在集约化养殖黄鳝时，就会在一定程度上抑制有益微生物生长，为有害微生物提供滋生的条件。强化投饵后，养殖对象排泄物增多，水环境也会变坏。所以，合理用药来调整微生态平衡，是进行健康养殖的重要方面。

在养殖水体中存在着各种生物，灌水后，给它们提供了生活和繁殖的水环境，它们有的本身就是黄鳝发病的病原体，有的是病原体的传播媒介，有的是敌害，因此要进行人工清除和药物消毒。常用的清塘药物有生石灰、漂白粉、茶饼和鱼藤酮等。

（2）生石灰清塘　生石灰遇水能发生化学反应，产生中强碱氢氧化钙，并发出大量热，使池中 pH 短时间内升到 11 以上，从而起到杀死敌害和消毒的作用。生石灰清塘一般采用干池清塘，用量随池水硬度高、淤泥多而相应增加。一般按池水 10 厘米深计，每亩用生石灰 60～75 千克。使用时预先在池中挖若干小坑，将生石灰分量倒入小坑加水溶化，生石灰遇水放热，趁热向全池均匀泼洒。也可将生石灰放入桶内，边加水边泼洒，第二天用泥耙在塘底推耙一遍，使石灰浆与塘泥充分混合，以提高清塘效果。清塘用的石灰应是新鲜块灰，存放时间不宜过久，避免吸湿失效。生石灰既是一种良好的清塘消毒剂，又是良好的底质、水质改良剂。它能迅速彻底杀灭野杂鱼、蛙卵、蝌蚪、蚂蟥、水生昆虫、寄生虫、水生植物及病原微生物等。施用生石灰能中和淤泥中各种有机物，使池塘呈微碱性，增加水中碱度、硬度，提高缓冲能力，增加钙离子，使淤泥中胶粒吸附的铵、磷酸、钾等离子向水中释放，起到向水中增肥的作用。

生石灰清塘，药性消失为 7～10 天。如果带水清塘，比干池清塘时药性消失时间长。人工养殖黄鳝时，使用石灰应谨慎，否则会发生陆续死亡。

（3）漂白粉清塘　漂白粉一般含有效氯 30% 左右，具强烈杀菌和杀死敌害生物的作用。它的效果与生石灰相当，但不具备生石灰改良水质、使水变肥的作用。水深平均 10 厘米，每亩用漂白粉量为 5～10 千克，使水中浓度达到 20 毫克／升。现配现用，临用时拆封加水溶解立即全池泼洒。勿用金属器皿装盛，操作人员应戴口罩，在上风处泼洒，避免沾染衣服而腐蚀。漂白粉易吸湿分解减效，平时应密封储存，使用前测定有效氯后推算用量。一般 4～5 天后药性消失，适用于急用池塘的清塘消毒。

（4）茶粕清塘　茶粕也称茶籽饼，是茶科植物油茶种子榨过油之后剩下的饼块或饼渣，其中含皂角苷 10%～15%，属溶血性毒素，能使动物红细胞分解，用以杀灭野杂鱼、蛙卵、蝌蚪、螺蛳、蚂蟥及部分水生昆虫。茶粕对鱼类、水生动物致死浓度为 10 毫克／升，对细菌无杀灭作用，还可助长绿藻繁殖。皂角苷能在不伤害某些饵料生物情况下杀死害虫。皂角苷随着水中盐度增高而作用减弱。近年在国内已有皂角苷提纯产品，具有使用方便、用量准确等特点。清塘前预先将茶粕捣碎放入缸中用水浸泡数小时后，连渣带水均匀泼洒，也可将粉碎的茶粕直接撒入池中。每亩以平均水深 15 厘米计，用量为 10～12 千克。茶粕药性消失为 5～7天。

（5）鱼藤制剂清塘　鱼藤制剂是由豆科植物毒鱼藤及毛鱼藤根提取出来的物质，其中有效成分是鱼藤酮，其作用原理与皂角苷相似。中毒鱼表现为鳃肿胀、充血缺氧死亡。广泛用于养殖池塘的清池。一般使用鲜鱼藤根或干的根。鱼藤粉含鱼藤酮 4%～5%。鱼藤配乳剂的商品制剂使用方便，有效成分有 2.5% 和 7.5% 两种。清塘中使用的浓度为 5～10 毫克／升，使用后 7～8 天放苗。

（6）二氯异氰脲酸钠（优氯净）清塘　该制剂功能和用法与漂白粉相同，漂白粉中含有效氯约 30%，而优氯净中含有效氯 60%，漂粉精含有效氯 60%～65%；三氯异氰脲酸钠含有效氯 80%。通常在清塘时，使用漂白粉使池中浓度达 20 毫克／升，也就是使有效氯达 6 毫克／升。其他几种含氯药剂可参照漂白粉用量，使池水要求达到的含氯量进行换算后再确定使用量。含氯消毒剂的共同特点是当水中或池底有机物含量高时，即污染严重时，必须适当加大用量。

4. 切断病害传染源

减轻病原体危害，一方面应从鱼体、病原体及环境三者宏观生态平衡方面以及微生态平衡方面，抑制病原微生物的危害；另一方面在鱼体、食场、工具、水体及饵料上合理消毒也是重要的。

（1）体外消毒　表现健康的黄鳝苗种，也难免带有一些病原体。在放养之前应经过消毒，杀灭鱼体带有的病原体，减少病原体传播的机会。鱼体消毒主要通过浸浴法，将鱼体置于浓度较高的药液里，经过短时间的药浴，杀死鱼体上的病原体。浸浴的容器可用木桶、塑料盆、船舱、水缸、双层塑料膜铺设的小池等。要是鱼的数量较多，可分批浸浴或用密网箱作浸泡容器。在浸浴之前，检查鱼体所带病原体种类，然后选定药物，依据黄鳝大小不同规格、体质强弱、气候、水温灵活掌握浓度。浸浴过程中要检查鱼的忍受情况，掌握浸浴时间。

体外消毒药物主要有以下几种：

1）食盐　浓度 2%～4%，浸浴 5～10 分，主要防治细菌性皮肤病、鳃病；杀灭某些原生动物、三代虫、指环虫等。

2）硫酸铜　浓度 8 毫克 / 升，浸浴 20 分，主要预防车轮虫病等以及杀死寄生体表的原生动物病原体。

3）漂白粉　浓度 10～20 毫克 / 升，浸浴 10 分左右，防治细菌性皮肤病和鳃病。

4）敌百虫　浓度 10 毫克 / 升，浸浴 15 分，可杀灭某些原生动物、三代虫、指环虫等。

（2）食场消毒　养殖池内食台、食场是食物、鱼体经常集中在其周围摄食、活动的场所，残饵和鱼排泄物积累场所，可成为病原体繁殖的有利条件。进行食场消毒，是一种有效的防病措施。一般常用的食场消毒方法有悬挂法和洒药法。

1）悬挂法　是将药物放在有微孔的容器中，然后悬挂在食场周围，使其在水中缓慢溶解，达到消毒目的。用于食场消毒的悬挂药物有漂白粉、硫酸铜、敌百虫等。悬挂的容器有竹篓、布袋、塑料袋、泡沫塑料块等。塑料袋装药后，需用针在袋四周刺若干小孔，孔的数目和大小以药物能在 5 小时内逐渐溶解到水中并让悬挂处周围水体达到一定的浓度为度。用泡沫塑料块时在其中央挖一空室，将药物装在空室内，再用绳捆好悬于食场。悬挂物数量以不妨碍鱼愿意进入食场为度。流水池塘和网箱养殖时采用此类悬挂法进行消毒的效果也很好。

2）洒药法　每隔 1～2 周，用氯制剂，如漂白粉化水（如 250 克）在食场周围泼洒消毒，该法效果也较好。

（3）工具消毒　养殖过程使用的各种工具，往往能成为传播病害的媒介，特别是在发病池中使用过的工具，如木桶、网具、网箱、木瓢、防水衣等。小型工具消毒可用10毫克/升硫酸铜或浓度较高的高锰酸钾浸泡10分以上，大型工具可在阳光下晒干后再用。

（4）水体消毒　养殖水体经过一段时间养殖，有机物、悬浮物增加，随水质逐渐恶化，病原微生物等病原体也逐步增加。所以，必要时要进行水体消毒，尤其在病害流行季节，以杀灭水体中或黄鳝体上的病原体，是防病的有效措施。水体消毒就是在整个养殖水体中遍洒药物。黄鳝池一般不用生石灰，消毒水体可用漂白粉，用量为1毫克/升；漂粉精，用量为0.1～0.2毫克/升；三氯异氰脲酸用量为0.3毫克/升；二氯异氰脲酸钠，用量为0.3毫克/升；氯胺T，用量为2毫克/升等，这些消毒剂均有杀菌效果。但当水体中施用活菌类微生态调节剂时不能与这些杀菌剂合用，必须待这些杀菌剂药效消失后再使用活菌类微生态调节剂，否则会因为杀菌剂存在，使活菌类微生态调节剂失效而造成浪费。杀虫效果较好的制剂有硫酸铜、硫酸亚铁合剂，两者合用量按比例5∶2配比，以使水体浓度达到0.7毫克/升。

（5）饵料消毒　病原体也常由饵料带入，所以投放的饵料必须清洁新鲜，植物性饵料，如水草可用6毫克/升漂白粉溶液浸泡20～30分消毒，而阳光下采集的陆生植物则可不必进行消毒处理。动物性饵料，如螺蛳、小鱼虾等及商品饵料中可拌入少量金霉素或土霉素残渣（用2%～4%的食盐溶液消毒）后即可投喂。

5．加强饲养管理

黄鳝病害预防效果因饲养管理水平而有所不同。必须根据黄鳝生物学习性，建立良好的生态环境，根据各地具体情况可进行网箱、微流水工厂化、建造"活性"底质等方法养殖；根据不同发育阶段、不同养殖方式、不同季节、天气变化、活动情况等开展科学管理；投饵做到营养全面、搭配合理、均匀适口，保证有充足的动物性蛋白饲料；做到水质、底质良好，及时去除残饵和死亡个体；盛夏季节保持水温不超过28℃；布置水生植物，建立稳定安静的生活环境。

十一、黄鳝病害防治的关键技术

1. 打印病

病　原

点状气单孢菌点状亚种。

症　状

初期病鳝体表出现圆形或椭圆形红斑，以腹部两侧较多，红斑处表皮坏死腐烂，其边缘皮肤充血发炎，轮廓分明，病灶最后形成溃疡，甚至露出骨骼及内脏。病鳝游动缓慢，摄食少。该病终年可见，尤以4～9月多发，各养殖地区都有发生。

防治方法

①用3％食盐水浸洗病鳝5～10分。②用漂白粉（1～2毫克／升）全池泼洒。

2. 花斑病

病　原

花斑病菌。

症　状

病鳝背部出现蚕豆大小黄色圆形斑块，严重时死亡。该病在6～8月流行，7月中旬达到高峰。

防治方法

①用0.4毫克／升三氯异氰脲酸全池泼洒。②发病池用去皮蟾蜍，用绳系好后在池内往返拖数遍，有一定疗效。

3. 出血病

嗜水气单孢菌。

病鳝体表呈点状或斑块状弥漫状出血，以腹部最明显，其次是身体两侧，体表无溃疡，身体失去弹性，呈僵硬状态；病鳝喉、口腔充血并伴有血水流出。腹腔具血水，肝脏肿大色淡，有的具出血斑；肝、肾出血。肠道发炎充血，无食，内含黄色黏液，肛门红肿。该病发病快，严重时死亡率达90%以上，流行季节为4～10月，6～9月为高峰期。各养殖区均有发生。

①用0.4～0.5毫克／升三氯异氰脲酸全池泼洒。②用3%食盐水浸洗15～20分。③用磺胺噻唑120毫克／千克鳝体重，拌饵投喂，连喂6天。当药饵投喂到第二至第六天时减半使用。

4. 肠炎病

大肠杆菌。

病鳝体色发黑，以头部更严重。腹部出现点状或块状出血；肛门红肿。轻压腹部有血水流出，肠道无食；肠道局部或全肠充血，呈紫色。该病传染强，病程较短，死亡率高。水温为25～30℃，是该病适宜流行温度。

用 15 毫克 / 升生石灰全池泼撒。

5. 水霉病

水霉菌。

初期病鳝症状不明显，数天后病鳝体表的病灶部位长出棉絮状的菌丝，且在患处肌肉腐烂。鱼卵及幼苗均可感染这类疾病。凡是受伤的卵、幼鱼、成鱼容易患水霉病。

①避免鱼体受伤。②用食盐小苏打合剂（各 400 毫克 / 升）泼洒。

6. 毛细线虫病

毛细线虫，虫体细小如纤维状，以头部钻入鳝肠壁黏膜层吸取鳝体营养，破坏组织，引起肠道发炎。

在虫体少量寄生时，没有明显外观症状；当虫体大量寄生时，病鳝身体呈卷龙状运动，头部颤抖，消瘦直至死亡。该病主要危害当年鳝种，大量寄生引起幼体死亡。

防治方法

①放养前以生石灰清塘，杀死虫卵。②用晶体敌百虫 0.5 毫克 / 升泼洒，第二天换水。同时，用晶体敌百虫，按 0.1 克 / 千克鳝体重，拌蚌肉或蚯蚓浆投喂，连喂 5 ～ 6 天。

7. 棘头虫病

病原

隐藏棘头虫。

症状

棘头虫虫体较大，呈乳白色，主要寄生在病鳝近胃的肠壁上，以带钩的吻钻进肠黏膜内，吸收寄主营养，常引起病鳝肠壁、肠道充血发炎，鱼体消瘦。大量寄生时，会引起肠道阻塞，严重时造成肠穿孔，病鳝死亡。该病终年可发生，无明显季节性，各年龄组黄鳝均可感染，感染率达 60% ～ 100%。

防治方法

用晶体敌百虫 0.7 毫克 / 升水体泼洒，杀灭中间宿主剑水蚤，同时用晶体敌百虫按 0.1 克 / 千克鱼体重量拌饵投喂，连喂 6 ～ 7 天。

8. 发热病

病因

由于黄鳝放养过密，未能及时换水，其体表分泌黏液大量积聚，在水中发酵分解，放出大量热能，使水温突然变高，使水中溶氧下降，黄鳝因缺氧躁动不安，互相缠绕，最后窒息而亡，严重时死亡率可达 90% 以上。

防治方法

①降低饲养密度，及时换水，保持水质清新，及时清除病、亡个体。②运输时根据当时水温，适时换水。③使用青霉素泼洒，用量为 1.2 万国际单位 / 米^3 水体，抑制细菌繁殖。④在黄鳝中搭养泥鳅，减少黄鳝互相缠绕。

9. 锥体虫病

病　原

锥体虫。

症　状

病鳝大多呈贫血状，鳝体消瘦，生长不良。

防治方法

①用生石灰清塘，清除锥体虫的中间宿主蚂蟥（水蛭）。②用 2%～3% 盐水或用 0.7 毫克 / 升硫酸铜硫酸亚铁合剂浸浴。

10. 隐鞭虫病

病　原

隐鞭虫。

症　状

被感染的黄鳝呈贫血状。全年都可感染，以夏、秋两季常见。

防治方法

用 2%～3% 食盐水或 0.7 毫克 / 升硫酸铜浸浴病鳝 3～5 分。

11. 黑点病

病　原

复口吸虫囊蚴。

症　状

发病初期，尾部出现浅黑色小圆点，手摸有异样感，随后小圆点颜色加深、变大并隆起；有的黑色小圆点突起进入皮下，并蔓延至体表多处；病鳝停食，直至萎瘪消瘦而亡。

防治方法

用生石灰清塘；用 0.7 毫克 / 升硫酸铜或 0.7 毫克 / 升二氯化铜全池泼洒。

12. 航尾吸虫病

病　原

航尾吸虫。

症　状

虫体的活体表面光滑，圆柱形，背腹稍扁平，淡红色。病鳝体格消瘦，解剖检查可见黄鳝胃中有很多虫体，使胃充血发炎，生长缓慢。

防治方法

用生石灰清塘，消灭病源。

13. 细菌性烂尾病

黄鳝尾部感染产气单孢菌所致。

被感染的尾柄充血发炎，直至肌肉坏死溃烂。病鳝反应迟钝，头伸出水面，严重时尾部烂掉，尾椎骨外露，丧失活动能力而死亡。

防止机械损伤，放养密度不宜过大；改善水质；用0.2～0.25毫克／升呋喃唑酮全池泼洒或金霉素药液浸浴鳝体，用量为每毫升药液含金霉素0.25国际单位。

14. 中华颈蛭病

中华颈蛭俗称蚂蟥。

中华颈蛭以其吸盘吸附于幼鳝和成鳝的体表任何部位，但主要吸附于鳃孔处和体侧、头部，吸取寄主血液，其致病死亡率约为10％。

①用10毫克／升敌百虫液或5毫克／升高锰酸钾液泼洒。②用一老丝瓜瓢浸入鲜猪血，待猪血灌满瓜瓢并凝固时，即放入发病水体，30分之后，取出瓜瓢即可诱捕大量虫体，如此反复数次，即可基本捕杀干净。③用3％食盐水浸洗鳝体5～10分。④10毫克／升硫酸铜浸洗10～20分，

并用新水冲洗，使蛭脱落。

15. 赤皮病（赤皮瘟、擦皮瘟）

病　因

细菌感染。

症　状

黄鳝皮肤在捕捞或运输时受伤，使细菌侵入皮肤所引起的疾患。病鳝体表局部出血、发炎、皮肤脱落，尤其在腹部和两侧最为明显，呈块状。病鳝身体瘦弱，春末、夏初较常在养殖场见到。

防治方法

①放养前用 5～20 毫克／升漂白粉浸洗鳝体约 30 分。②发病季节用漂白粉挂篓进行预防。漂白粉用量，一般为每平方米用 0.4 克。根据池塘面积大小而定，大池可用 2～3 篓，小池可用 1～2 篓。③捕捞及运输时小心操作，避免鳝体受伤。④漂白粉挂篓同时用磺胺噻唑拌料投喂。第一天按池内鳝重量，每 50 千克鳝用药 5 克，第二天 50 千克鳝用药 2.5 克，同时将病鳝放入 2.5％食盐水溶液中浸泡 15～20 分。⑤每平方米池用明矾 0.05％泼洒，2 天后再用生石灰按每平方米池 25 克化水泼洒。

16. 缺氧症

病　因

黄鳝养殖池温度陡然升高。多发生在盛夏高温季节，表层水温高，使黄鳝无法探出头进行呼吸空气，使黄鳝造成生理紊乱，加上池底亚硝酸积聚，使其血液载氧能力剧减造成缺氧。

黄鳝频繁探头于巢外，甚至长时间不进鳝巢，头颈痉挛颤抖，3～7天陆续死亡。

①经常检查底质情况，保持其综合缓冲能力。②发现异常情况，立即换水，并改良底质。③将已出现麻痹瘫软的鳝体捞出，减小养殖池密度。

17．萎缩症

高密度养殖时，出现生长大小差异，使小规格黄鳝因争食不利，长期营养不良引起肌体萎缩。

形成黄鳝头大、颈细。严重时成鳝在1年内萎缩仅存30克左右，体长20厘米以下。

①进行按规格大小分养，饲喂一阶段之后再进行分级。②增加食台数，根据不同情况随时增减投喂量。③适当降低饲养密度。

18．疖疮病

疖疮型点状产气单孢菌。

该病近年才出现，特别在小面积人工养殖过程中易发生。病鳝病灶化脓后，致使消化系统充血而亡，感染率高时，可使全池死亡。病鳝表皮及至肌组织发炎，导致脓肿。脓肿处一般不开裂，常伴有头、尾渗血，呈现败血症现象。病鳝独处呈瘫痪状，约 1 周内死亡，亡后病灶处常开裂。

防治方法

①投喂磺胺类药物，用量按黄鳝总体重的 0.01% 拌饵，第二天剂量减半，续喂 6 天。②病情严重时可与红霉素交替使用，水中放消毒剂，2 周后可愈。③预先使用活性净水剂预防。

19. 白皮病

病　原

白皮极毛杆菌。

症　状

该病发生使幼鳝尾部发白，病灶处缺黏液，多发生在营养不良、萎缩的黄鳝体上；多发生在 5 ～ 8 月。患病后一般 1 周内死亡，死亡率可达 60% 以上。病鳝不活泼，易被捉住。

防治方法

①注意投喂充足和营养平衡。②发病后按万分之一鳝体重用土霉素拌饵投喂，6 天 1 个疗程。③用艾叶 1 000 克、地虞子 100 克、苍术 150 克、并头草 250 克、百部 50 克、大黄 30 克，加苯甲酸 20 克混合后冲 3 千克 70℃温水浸泡 48 小时。将该药挤汁均匀泼洒约 30 米^{2}养殖池中，适当加水观察，要是健康鳝没有强烈反应，可保留水层，2 ～ 3 天后换水，再施

该配方第二次挤汁药液，一般 2 次施药后可愈。该配方可挤药汁 3～5 次。

20．六鞭毛虫病

病　因

病原体为六鞭毛虫，常寄生在成鳝内脏器官和血液之中，导致成鳝内脏出现炎症、充血，严重时口鼻出血而亡。

症　状

病鳝发育不良，表皮呈灰暗，游动无力，栖息泥面常留有明显血迹。

防治方法

①彻底消毒养殖池，以预防为主。②全池泼洒 0.7 毫克 / 升硫酸铜和硫酸亚铁合剂，每 2 天 1 次，3 次为 1 个疗程。

21．嗜子宫线虫病

病　因

嗜子宫线虫寄生腹腔和肠道，该虫隶属龙线科。

症　状

在人工密养幼鳝肠道和腹腔寄生，黄鳝生长受到影响，有时非但不长，反而体重下降。

常发现成虫从黄鳝肛门中钻出，也可从黄鳝腹部皮肤中钻出，雌虫由于体外渗透压改变，体壁破裂，幼虫从子宫中散落水中。该虫发生有季节性，一般冬季寄生体内，春季生长迅速而致使黄鳝发病，6 月左右以后雌体全部死亡，故在夏、秋两季不再发现该虫。根据其特点，在初冬和早春为防治最适时间，一般每年治 2 次完全可避免其危害。

①彻底消毒养殖池。②以硫酸铜硫酸亚铁合剂0.7毫克／升全池泼洒，2天1次，3次为1个疗程。

22．鳃腐病

长时期投喂以蚕蛹为主的饲料，因蚕蛹中脂肪氧化而引起了鳃坏死腐蚀。

减少蚕蛹饲喂量，不喂脂肪氧化了的蚕蛹。在投喂鲜鱼和冰鲜鱼前，预先用热水短时间浸泡，使其表皮软化之后再投喂。

专题六
黄鳝捕捞、暂养及运输关键技术

专题提示

黄鳝捕捞一般在 10 月下旬至春节前后，这段时间便于储运和鲜活上市。另外，黄鳝生命力强，体表有丰富的黏液，长途运输时应有 1 ~ 3 天的暂养。

一、黄鳝捕捞的关键技术

常见问题及原因解析

黄鳝外形似蛇，体表多黏液，光滑，穴居生活，因而一般的网捕很难捕到黄鳝。大多数养殖者通常采取全池挖泥取鳝的办法，此方法劳动强度大，黄鳝损伤大，所需时间长，同时也破坏了鳝池的生态结构，有损翌年的生产，并且大量捕出的成鳝暂养时间长，发病率、死亡率较高，不能在最佳时节上市，影响黄鳝的养殖效益。

破解方案

目前根据黄鳝不同的生产方式，常用的捕捞方法为钓捕、笼捕、诱捕、抄捕、照捕、迫捕和清捕等。

1. 钓捕

钓捕是捕捞黄鳝比较有效的方法，但捕到的黄鳝多有伤，一般不用于钓仔鳝。钓黄鳝用的钓竿可分为软钩和硬钩两种。软钩即普通鱼钩，钩柄缚结在 1 米左右的尼龙线上，线的另一端绑在竹竿上；硬钩是用钢丝制成，如自行车的辐条、伞骨等，一端磨尖后，在火上烧红弯成钩状，另一端绑在竹竿上。

每年的 4～9 月为钓鳝时间，以 5～9 月为最佳。钓鳝最关键的是找鳝洞。黄鳝多栖息在静水或有缓流水的近岸处，洞口圆形，较光滑，稍粗于黄鳝。有些黄鳝是以天然的石缝等为洞穴。人在岸上走，发现洞口，放入穿有粗壮青蚯蚓的钩，因黄鳝特别贪吃，只要有黄鳝在洞内，往往会一口吞下，往洞内拖。如果感到钓竿一沉，赶紧往外拖竿，等黄鳝露出半边身子，另一只手要虚握拳头，伸出中指，卡住鳝身，两手配合，放入鳝笼，摘下鱼钩。

钓黄鳝要在水质较好的水边寻找鳝洞。软钩和硬钩各有优缺点，硬钩易探洞但也易脱钩，软钩不易深入洞中但黄鳝咬钩后不易逃脱。因而多采用软硬钩结合的方法来捕黄鳝，具体的方法为：把软钩的钩柄用橡皮筋绑在钢丝上，一旦黄鳝吞饵，马上放开钢丝，成为软钩，使黄鳝不易脱钩。

另外，有人喜欢夜钓黄鳝。钓具同软钩，但竹竿较短，无线的一端较尖，插入土中。傍晚在钩上挂上蚯蚓，放入有黄鳝出没的水域，第二天早晨收钩。

2. 笼捕

笼子多用竹篾编成，其结构可分为：前笼身、后笼身、笼帽和倒须 4 部分。前面敞口的一端是前笼身，后面封口的一端是后笼身，后笼身后口用笼帽封住，前笼身的口有一个"八"字形倒须，在前后笼身相连的地方有个倒须。后笼身与笼帽用帽签插在一起。帽签也可用于挂蚯蚓用，引诱黄鳝进入鳝笼。鳝笼的大小、长度、粗度可根据捕鳝的地方而确定。

鳝笼要在晚上放置。傍晚，在池塘、稻田的浅水边，水深不超过 35 厘米。在帽签上穿上蚯蚓或蚌肉，把前笼身平放在水底，用石头压住，后笼身上翘，笼帽露出水边 10 厘米，防止黄鳝呼吸不到空气而窒息死亡。鳝笼可兼用于捕虾，一人可管理 60 只。利用笼捕对黄鳝无伤害，捕到的子幼鳝，可用于养殖。

3. 诱捕

诱捕黄鳝要用竹篓（图25），口径在20厘米左右，竹篓口上要用两层纱布包住，纱布中心有1个4厘米的圆洞，洞口缝上1个10厘米的布筒，垂向篓内。两层纱布之间要放蚯蚓、小蚌肉或小泥鳅作为诱饵。

图25 诱捕用竹篓

竹篓要放在微流水的地方。傍晚，将竹篓放在水沟、稻田、池塘的浅水边经常有黄鳝出没的地方。竹篓要横躺，口要顺水流方向，底部一部分埋入泥沙中，纱布洞口略高于水底，竹篓一少部分露出水面，黄鳝夜间觅食时，闻到诱饵的香味，就会被诱入篓中，由于长布筒的作用，黄鳝便钻不出来。诱捕的黄鳝受伤较少。

4. 抄捕

抄捕黄鳝利用的是黄鳝喜欢在草堆下潜居的习性。可以用三角抄网，也可以用普通网片。三角抄网呈三角形，由网身和网架组成。网身长2.5米，前口宽2.3米，后口宽0.8米。中央呈浅囊状，网身由细目网片组成。

这种方法适合在湖泊、池塘、沟渠使用。先用喜旱莲子草或野草堆成草窝，这样就会有黄鳝在草窝下活动。作业时，手持抄网，轻轻伸入草下，缓缓铲起连鱼带草一起舀起。

5. 照捕

照捕比较简单，利用了黄鳝夜间出来觅食而又惧强光的特点来达到捕捞的目的，照捕需两人配合作业。在晚上，一人拿手电筒，另一人拿鳝夹，在水田、沟渠等的浅水处寻找黄鳝。找到后，用手电筒照黄鳝的头部，黄鳝就会趴在水底一动不动，此时，另一人迅速用鳝夹将其夹起。

鳝夹用长1米、宽4厘米的两片竹片做成，竹片一侧刻成锯齿状，在距一端30厘米的竹片中心打孔，穿上铁丝，将竹片绑在一起，使之成剪刀状。

6. 迫捕

所谓迫捕就是在黄鳝栖息的大部分水域撒上药，从而刺激黄鳝，逼迫黄鳝逃到无药的一块较小的地方，从而集中捕捞。简单地说，就是用迫聚法来捕捞黄鳝。

常用的药物有茶籽饼、巴豆和辣椒。茶籽饼又叫茶粕，内含皂苷碱，对水生生物有毒性，量多可致死，少量可使水生生物逃窜。用量为5千克／亩，茶籽饼要急火烤热并粉碎，装入桶中用沸水5升浸泡1小时后再用。巴豆药性更强些，用量为250克／亩，用前要粉碎，调成糊状，用时再加水15升，用喷雾器喷洒。辣椒选最辣的七星椒或朝天椒，用开水泡1次，过滤后再泡1次，用两次过滤的水，用喷雾器喷洒，用量为每亩滤液5升。

迫捕法可分为静水迫捕法和流水迫捕法。流水法多用于可排灌的稻田。在进水口处筑两条50厘米的泥埂，两埂间距20～30厘米，形成一条短渠，一端连在进水口上。这样水必须通过短渠才能进入稻田，在进水口对侧的田埂上开2～3处出水口。将药物撒入或喷在田中，用铁耙在田中拖耙一遍，使黄鳝外逃，当观察到大量黄鳝出洞外逃时，打开进水口，使水在田中流动，使黄鳝逆水而上游入短渠，从而捕获。

静水法不宜用于排灌的稻田。先将高出水面的泥滩耙平，在田的周围，每隔10米堆泥一处，低于水面5厘米，在上面放有框的网，在网上堆泥，高出水面15厘米。药物放入田中后，黄鳝感到不适，即向田边游去，碰到小泥堆后，很快钻进去，当全部钻进去后，即可提网捕捉。多在傍晚放药，第二天清晨收网。

7. 清捕

清捕多用于养鳝较多的养鳝池。收获黄鳝时，用挖泥的方法清池，动作要轻，以免使黄鳝受伤，发现黄鳝后捕到暂养池中，使其吐尽淤泥。

二、黄鳝短期暂养的关键技术

常见问题及原因解析

商品黄鳝在市场销售之前，都要有一个暂养过程，但由于暂养措施不当，在运输及销售过程中会大批死亡，死亡率达90％左右，其主要原因有：

1. 采购黄鳝的途径不正确

有人曾经做过实验，在一个塑料桶中，放入5千克黄鳝并加3千克水，当时水温为24℃，而过4个小时再测，却发现水温居然升至了28℃；而再过6小时再测时，水温居然高达33℃。而在32℃以上时只需2小时即可使黄鳝的生理功能紊乱而出现发热病。市场上出售的黄鳝，一般都经历过长时间超高密度的不科学存放，一般多数均已出现发热病。而发热病是无药可治的，使用药物最多只能起到一定的缓减作用。而从市场上采购黄鳝来进行暂养是不少初养者的一贯方法，也是导致养殖失败的一个重要原因。

2. 未经观察筛选

收购来的黄鳝其来源一般都非常复杂，有笼捕的、手捉的、电捕的、毒捕的、钓捕的，等等。有的黄鳝在捕捉者出售之前就曾经历过长时间高密度存放，从而也有发热病的可能。一般我们应将其投入观察池进行观察，而将举止行动异常及体表伤势较重的黄鳝及时剔出上市，对池中死鳝应及时捞出。否则，死鳝、病鳝大量污染水质，环境恶化会导致黄鳝的大量死亡，从而导致养鳝失败。

3. 养殖方式不科学

池中无泥无草或仅有泥土而无任何遮阳措施。没有水草却池水又过深，建池不科学，缺乏必要的防逃及排灌设施，投喂米糠、豆饼等黄鳝根本不吃的饲料，且大小鳝全部混养，从而导致黄鳝在极度饥饿的状态下出现大吃小，不科学的养殖方式使残存的部分黄鳝再度因逃跑、死亡、互相蚕食等而减少，从而以失败告终。

破解方案

1. 把好质量关

要求自己笼捕或选购无病无伤的个体进行暂养，以确保成活率。

2. 巧妙运用容器

黄鳝暂养（图26）的容器可因地制宜，就地取材，通常可用水缸、木桶、大盆、水泥地、网箱等。短期暂养一般为期2～3天。如容水量为60千克的瓦缸或木桶，加清水25千克。气温在23～32℃时，可暂养黄鳝30千克。根据实际情况，可以选用下列任意一种安全措施：每隔6～8小时换水1次，48小时后成活率可达96％；在开始时和24小时后，各投放质量浓度为700毫克／升硫酸铜溶液30毫升，48小时后的成活率为90％。如果暂养的数量较大时，就用水泥池或网箱。用水泥池暂养黄鳝，具有容量大、存期长、易管理、易捕捉的优点。

图26　黄鳝暂养

3. 水泥池规格

水泥池最好是长方形，池壁光滑，顶上用横砖覆盖，呈"T"形，面积8～45米^2，池深0.8～1.5米。一个池面积15米^2、池深80厘米、水深20厘米的水泥池，每平方米可暂养黄鳝20千克，每天换水1次。

4. 注意事项

不论用哪种方法，每隔3～4小时，都需用手或捞海伸入容器底部，朝上搅动一番，使体弱的黄鳝不致长时间压在底部导致死亡，或在容器中投放一些泥鳅，也能起到同样的作用。使用后两种方法时，如需要延长暂养时间，则在48小时内换2次水，并再次按量投入消毒药品。

三、黄鳝的储养（囤养）关键技术

常见问题及原因解析

黄鳝上市旺季购进储养起来，在淡季销售，可获得较高的利润，这种较长时间的暂养称之为储养或囤养。由于储养时密度相对较高，时间较长，对储养特殊条件、养殖户管理水平等要求更高。

破解方案

1. 储养池的建造

储养池的建造和一般饲养池相同，也可用饲养池进行储养。储养池一般选在地势稍高、水源充足而向阳的室外，可选在住宅附近，便于管理；也可建在室内，用于家庭小规模储养。其形状可因地制宜，根据地形、地貌等情况综合考虑，一般以长方形为多。面积根据储养规模而定，$20 \sim 200$ 米^2 均可（家庭储养以 $10 \sim 15$ 米^2 为宜），池深 $1 \sim 1.2$ 米，池水深度为 $10 \sim 20$ 厘米。其形式有土池和水泥池 2 种。

（1）土池（图 27）　从地面向下挖，挖出的土在四周打埂，埂要求宽而结实，埂宽 $60 \sim 80$ 厘米、高 $50 \sim 60$ 厘米，要分层夯实，池底也要夯平夯实，以防黄鳝打洞逃逸。小面积的可使用聚乙烯网布做成同池面大小的网箱，埋入池土中，可以防止黄鳝钻洞穴逃走。分别修好进、排水管道，并安装好防逃网。

图 27　土池

（2）水泥池（图 28）　在平地上挖成 60 厘米深的土池，再在池壁砌砖，池底铺砖，水泥勾缝，内壁要光滑，壁顶用横砖覆檐，使壁顶呈"T"形。排水口与池底平齐，进水口距池泥表面 10 厘米，孔口都用细目网罩住。

排水口平时用木塞塞牢，放水时拔出。

另外，池泥的优劣直接影响黄鳝储养的成败，其处理方法和养殖池相同。

图28　水泥池

2．储养黄鳝的来源、选择

储养的黄鳝一部分来自市场采购。采购时要选择体色青黄，色泽光亮，游泳活泼，没有受伤的个体，一般以个体较大（8～10尾，14克）的为好。已暂养数天、头部膨胀、体表黏液大量脱落、体表肌肉发红的黄鳝不宜储养。用钩钓捕来或用夹子夹捕来的也不能养，因钩伤后在储养过程中易发病致死。人工饲养的黄鳝，也要选择无病无伤、体质健壮的个体来储养。

3．黄鳝储养方法

（1）鳝体消毒　储养之前，鳝体要消毒，消毒方法如前所述。

（2）储养密度　要根据池子的底质、水质、季节以及管理储水平等因素综合考虑。一般夏季高温天气为每平方米3～5千克，春末夏初或深秋季节为每平方米15～20千克，入冬以后至春暖期间为每平方米20～27千克。如果是初次储养，经验不足者，密度要适当降低。

（3）储养入池方法　储养数量较多时，可采用隔天分级多次投入法。先放入较大的个体，待大个体进入泥土中以后，再放入大小一般的个体，最后放入稍小的个体，之后还可以随时投入经消毒过的黄鳝。储养时尽量使黄鳝在池中分布均匀，切实把握储养密度。

4. 储养管理

储养管理主要有投喂、水质管理、水位管理、防暑、防逃、防害、越冬、防病害等工作。

（1）投喂管理　储养时因密度大，特别是越冬前夕，要投喂黄鳝喜爱的鲜活饵料，如蚯蚓、蝇蛆、蚕蛹、螺肉、蚌肉等。第一次投喂量不宜过大，为总体重的2%～3%，第二天检查，如果全部吃完，可增加投喂量，如有剩余则适当减少。投喂量还要根据水温的变化进行调整。黄鳝在饥饿时有自相残食的习性，所以投喂一定要充足，并坚持到黄鳝完全拒食时为止，这样可有效地防止储养期间自相残食和掉膘。

（2）水质管理　储养池内的黄鳝密度高，池水浅，水质容易恶化，引起各类疾病，所以做好水质管理工作特别重要。水质要求肥、活、溶氧量充足，溶氧量不得低于2毫克／升。为防止水质恶化要经常换水，在夏季一般2～3天换水1次，随着水温的降低，黄鳝活动强度减弱，换水次数可适当减少。池内的残食和粪便要及时清除，切不可使生活污水流入鳝池

（3）水位管理　池中水位以保持在10～17厘米为宜。黄鳝要将头不时伸出水面呼吸，水位过深，头伸不出水面，引起呼吸困难，时间一长，就会闷死。池水也不能时浅时深，要保持稳定。越冬期黄鳝钻入泥土中冬眠，此时黄鳝呼吸微弱，在干燥环境中，常靠口腔内黏膜进行呼吸，耐低氧能力很强，故冬季也可把鳝池的水放干。

（4）防暑降温措施　水温升到28℃以上时，黄鳝摄食量下降，影响生长。为防暑降温，可在鳝池四周种上藤蔓植物，以便遮阳。水温超过30℃时，要勤换水。如黄鳝出穴露卧于泥上见人来逃避时，要立即冲水，换入的新水和池内原来的水，温度相差不能超过3℃，以免使其感冒。

（5）防逃和防害　黄鳝善逃，除应搞好防逃设施外，还要十分注意暴雨使池水骤涨时，黄鳝翻池而逃，发现池水上涨要及时排放。同时，要严防鸟、兽、蛇、鼠等入池危害，特别要注意防止鸡、鸭、猪等进入池中。

（6）越冬管理　黄鳝在越冬前要大量摄食，体内需储存养分，供越冬时消耗。当水温降到15℃左右时，应投喂优质饲料，使之膘肥体壮，有

利于安全越冬。当水温降到10℃以下时，黄鳝停止摄食，开始钻入泥下20～40厘米处冬眠，此时要做好防冻工作。主要是排干池水，保持土壤湿润，雨天和雪天要做好排水防雪工作，不可使池内积水、积雪而结冰。严寒霜冻来临之前，要盖一层干草，冬眠期间，鳝池上面不要堆放杂物，以免影响黄鳝的呼吸。

5．病害防治

（1）病害原因　在储养期间发生病害的主要原因有以下几种：储养密度过高，没有及时换水；鳝体受伤感染病菌；温度骤变引起感冒或冻僵；池泥中有机质太多，细菌过多，水质恶化。

（2）防治措施　主要有储养池严格消毒，掌握适宜的放养密度，黄鳝入池前进行严格消毒，做好防暑降温及防寒保暖工作。

6．储养池黄鳝的起捕

取鳝时先将一个池角的泥土清出池外，然后用双手逐块翻泥，进行捕捉，不宜用锋利的铁器挖掘，避免碰伤鳝体。最后将鳝池中剩下的泥土全部清出作肥料。捕捉的黄鳝用清水洗干净，暂养在水缸、木桶等容器内，每天换水2～3次，待黄鳝体内粪便排出，即可上市销售。暂养开始时和24小时后，每平方米池各投放青霉素30万国际单位，每隔2～3小时搅动1次，即用手或小抄网伸入容器底部朝上翻动，或者放入一些泥鳅，也可起同样的作用。

四、活鳝的运输关键技术

常见问题及原因解析

养殖户认为黄鳝能耐饥饿，耐低氧，离水后长时间不会死亡，但黄鳝喜暗爱静，运输途中往往因密度较大，黄鳝潜伏在水底部，因而易发生窒息死亡。

破解方案

活鳝运输，可根据气温、数量、容器的不同而采用不同的运输方法。

1. 蒲包装运

此方法亦称干运法，适用于数量不大、运程在 24 小时以内的运输。蒲包要洗净、浸湿，每袋装黄鳝 25～30 千克，气温较高时，可在蒲包上泼洒适量的清水。运至目的地后，应及时清洗鳝体，放入鳝池中暂养。暂养时间较长的，入池前需进行鳝体消毒。

2. 竹篓装运

这是目前农村常用的运输方法。竹篓有 2 种样式。竹篓均有盖，小竹篓可以吊挂在人的腰部，作捕捉黄鳝时的容器，一般能存放 15 千克黄鳝。大竹篓（图29）容量大，但不宜放鳝过多。大竹篓运输黄鳝时，也应放几尾泥鳅。

图29 大竹篓

3. 木桶装运

木桶装运的优点是既可作暂养容器，又适于运输用，运输中的装卸、换水都比较方便。木桶一般是圆筒形，用 1.2～1.5 厘米厚的木板制成，高 70 厘米左右，桶口直径 50 厘米左右，桶底略小于桶口，桶外用 3 道箍，附有 2 个铁耳环，桶口有盖，亦有通气孔。此法在加水 20～25 升、水温 25℃以下，运程在 24 小时之内时，每桶可装黄鳝 25～30 千克；温度高时，装载量应适当减少。运输途中每隔 2～3 小时换次水，还要放入几尾泥鳅。

图30 铁皮箱

4. 铁皮箱装运

铁皮箱（图30）用白铁皮加工而成，一般长 80 厘米、宽 40～50 厘米、高 20～30 厘米，上口有网罩或木盖，盖上开有小孔。这种容器的优点是：可以重叠堆放，适宜于长途运输，汽车运、船运、三轮货车运均宜，每箱装黄鳝 15～25

千克，途中视水温情况，每隔 2 ～ 5 小时换 1 次水，也需放几尾泥鳅。

5. 蛇皮袋装运

用蛇皮袋装运，不适于人挑，应平放入三轮车、汽车或船上，不宜堆放，扎袋口时不要收得太紧，每袋装运量相当于袋容量的 1/3 ～ 1/2。

6. 船运

在水路交通方便，需运黄鳝数量较多时，可采用船运。船运可以降低运输费用。船运时须注意以下几点：船只不宜过大，载重量以 30 ～ 40 吨为宜；所装黄鳝重量一般不超过该船实际载重量的 70%，装运的鳝、水重量各占 50%；船底要平坦，船边要高，船舱不漏水，另外应备 1 只能插入船舱底部供换水用的篾篓；装运过油脂、农药或其他有毒物质的船以及当年涂上桐油的船只均不能装运黄鳝；运输过石灰、食盐、烟叶等刺激性气味较强的物品，在未彻底清洗干净之前也不能装运黄鳝；在运输途中，根据水温和运程，要适时换水。

7. 尼龙袋充氧装运

此法适于外贸出口，是目前较科学的运输方法，适于飞机、火车、汽车等长途运输。尼龙袋规格为 30 厘米 ×28 厘米 ×65 厘米的双层袋，每袋装黄鳝和水各 10 千克，运输时若水温过高，装袋前需采用"三级降温法"，把黄鳝的体温降到 10℃左右。具体方法是：将黄鳝从水温为 25℃左右的暂养池中捕出，放在 18 ～ 20℃的水中暂养 20 ～ 30 分，然后再将黄鳝捞出转入 14 ～ 15℃的水中暂养 5 ～ 10 分，最后再将黄鳝放到 8 ～ 12℃的水中暂养 3 ～ 5 分。以后即可装袋。随后再充氧、封口，并将尼龙袋放入纸板箱内，每箱装 2 袋，纸箱规格为 32 厘米 ×35 厘米 ×65 厘米，再将纸箱放入泡沫塑料箱内，箱内可放入冰袋，然后打包发运。尼龙袋充氧运输黄鳝成活率高，在 24 小时内到达目的地，一般不会死亡。

不论用哪种运输方法，都可以放入爱上蹿下跳的泥鳅[黄鳝、泥鳅比例为（10 ～ 20）：1]。高温季节运输时，可加入一定量的冰块。

专题七
泥鳅人工繁殖关键技术

专题提示

泥鳅的人工繁殖技术主要有：亲鳅池的选择与清整，亲鳅的选择，亲鳅成熟度的鉴定，人工催产繁殖，人工授精，人工孵化及管理等关键技术和环节。

一、亲鳅池选择与清整的关键技术

常见问题及原因解析

亲鳅培育池面积过大，不方便控制水深，池底淤泥过厚，清塘措施不彻底，造成水质不易管理，养殖过程中亲鳅疾病多发，严重影响亲鳅的强化培育。

破解方案

亲鳅池基本上与成鳅池相似，但没有成鳅池要求那么高，只要使亲鳅逃不了就行了。

1. 池塘要求

亲鳅池塘（图31）面积不宜过大，一般2～3亩，东西走向，池形规整，池深1～1.5米，养殖期间保持水位60～80厘米。具有独立的进、排水管道，水源水质良好，水量充沛。开挖池塘的土质最好是黄土或壤土，沙土土质不宜。池塘的一端设有进水管道，且进水管道高出正常水面30

厘米以上；另一端设有排水管道。

图31 亲鳅池塘

2. 池塘清理、消毒（图32）

图32 池塘清理、消毒

亲鳅放养前做好池塘的清理工作，清理池中多余的淤泥、杂物，最多保留10厘米深底泥，多余的淤泥用于加固池埂，以防渗漏。选择晴好天气暴晒池底，这一点对于老塘口尤为重要。池塘消毒：池底留有15～20厘米水体，每亩施用生石灰50千克，用小木船加水、生石灰，待石灰溶化后，趁热全池泼洒，池底全部用石灰浆覆盖，然后用钉耙依次耙起底泥，让石灰与淤泥充分混合，迅速提高水体pH，彻底杀灭病原体和敌害。

3. 水质控制

药物消毒7天后可以投放亲鳅。投放前4天加水60厘米，新塘口每亩水面施入腐熟的牛粪等有机肥200千克，培肥水质；老塘口底质较肥，不必施肥。施肥的目的是增加水体有机质，培养藻类，改善水体环境，培养亲鳅的天然饵料，营造一个较为适宜的亲鳅生长环境。

二、亲鳅选择的关键技术

常见问题及原因解析

亲鳅选择中来源控制不严格，选择药物捕杀或钩捕的，造成亲鳅伤病，亲鳅年龄选择不合适，规格小型化，造成产卵数量、产卵质量以及孵化率、苗种成活率难以保证。

破解方案

泥鳅亲鱼（图33）的来源：一是从池沼、稻田、湖泊等天然水体中捕捉；二是从水产收购部门购买；三是专池培养。三种方法都要求对泥鳅进行选择，亲鳅除了要求体型端正，体质健壮，无病无伤，体色正常等之外，还要注意以下几点：

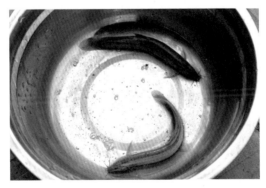

图33 泥鳅亲鱼

1. 雌鳅选择

1冬龄的雌鳅已达性成熟。个体大的雌鳅怀卵量大，繁殖的鳅苗质量好，生长快，因此要选择2～3冬龄，体长10厘米以上，最好是15～20厘米；体重18克以上，最好是30～50克，腹部膨大且柔软有弹性，体色呈橘黄色具有光泽，腹部白色明显的个体。个体大的雌鳅怀卵量大。

2. 雄鳅选择

要选择 2 ～ 3 冬龄，体长 10 厘米以上，最好是 15 ～ 20 厘米；体重 12 克以上，最好是 20 ～ 40 克，行动敏捷的个体。个体大的雄鳅精液多，繁育的鱼苗质量好，生长快。

另外，选择亲鳅时要注意雌、雄尾数的配比，一般雌、雄比为 1 ∶ 3 或 1 ∶ 2，雄鳅适当多准备些。

三、雌、雄泥鳅选择的关键技术

常见问题及原因解析

在非繁殖季节，亲鳅雌、雄判断难度相对较大，亲鳅培育时没有进行严格的选择，影响生产计划。同时，在繁殖季节，由于误选产过卵的雌鳅，性腺发育不充分，影响产卵数量和质量。

破解方案

在泥鳅的繁殖季节，雌、雄之间有许多不同的特征，可以通过以下几个方面用肉眼来鉴别：

1. 体形

雄鳅较小，背鳍末端两侧有肉质突起，雌鳅较大，背鳍末端正常，无肉质突起，产过卵的雌鳅腹鳍上方还有白色斑点的产卵记号，未产卵的则没有。

2. 胸鳍

 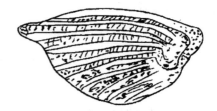

图 34　雌鳅鳍　　　　　　　图 35　雄鳅鳍

雄鳅胸鳍较大，第二鳍条最长，前端尖形，尖部向上翘起，雌鳅胸鳍较小，前端圆钝呈扇形展开（图 34 和图 35）。

3. 腹部

产卵前雄鳅腹部不肥大且较扁平，雌鳅产卵前，腹部圆而肥大，且色泽变动略带透明黄的粉红色（图 36 和图 37）。

 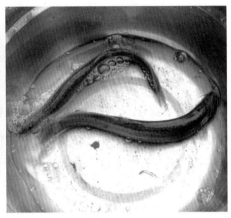

图 36 雄鳅　　　　　　　　　　　　图 37 雌鳅

另外，产过卵的雌鳅在腹鳍基部腹部留下白色斑记，在雌亲鳅选择时应淘汰。

四、亲鳅成熟度鉴定的关键技术

常见问题及原因解析

泥鳅繁育场技术人员如缺乏亲鳅成熟度判断技术，过早或过晚安排催产，都会影响受精卵的质量，进而影响苗种质量，最终影响生产效益。

破解方案

解剖雌鳅的卵巢，发现泥鳅的卵巢中存在着几种不同大小的卵，有的呈金黄色半透明，几乎游离在体腔中，这是已成熟的卵；有的是白色不透明，卵粒较小，紧包在卵腔中，这是还没有成熟的卵。雄鳅的精巢为长带形、白色，呈薄带状的不成熟个体居多，呈串状的成熟个体为少。

五、亲鳅培育的关键技术

亲鳅培育中常见问题有：亲鳅来源杂，放养模式及放养密度不合理，投喂的饲料不能满足亲鳅性腺发育的营养需求，防逃、防鸟、防病以及水质调控等养殖管理措施不当，上述问题都可造成亲鳅培育失败。

破解方案

1. 亲鳅放养

（1）亲鳅选择方法　泥鳅亲本最好从正规养殖场购买，优良亲本的标准：年龄 2～3 冬龄，行动活泼，体表光滑圆润，色泽鲜亮一致，健康无病斑。雌鳅体长 16 厘米以上，体重 20 克以上，春季繁殖前都能够清楚地看到卵巢轮廓；雄鳅体长 12 厘米以上，体重 10 克以上。从市场上购买亲本时要注意品种、来源、伤残情况、雌雄比例等事项。

（2）放养方式与放养密度　每亩水面放养亲鳅 300 千克，并套养 40 尾规格为 0.25 千克 / 尾的鲢鱼种，以控制水质。鲢鱼还可以作为信号鱼，当鲢鱼种缺氧浮头时，说明池塘水质过肥，应该引起重视，并及时采取相应的措施，调节水质。

2. 饲养管理

（1）饲料　通过多年实践证明，泥鳅饲料适宜蛋白含量在 30%～32%，在生产中应用的饲料配方为：鱼粉 15%、豆饼 20%、菜籽饼 20%、次粉 10%、麦麸 15%、米糠 17%、添加剂 3%。在春季产前每天加喂干河虫 1 次，添加量为总量的 5%。

（2）投喂方法　全池遍撒，不可使用投饵机。投喂次数：每天 2 次，上午 10 点、下午 5 点半。投饵量：春季水温上升到 10℃时，投喂量为亲本体重的 1%；水温在 15～20℃时，投喂量增加到亲本体重的 2%；水温在 20～30℃时投喂量为亲本体重的 2.5%；水温高于 30℃时，投喂量为亲本体重的 2%。

（3）水质调节　泥鳅对水质要求不严，一般水体都可以养殖，但是亲本池塘水质的好坏直接影响到泥鳅的性腺发育，在亲本培育中适时调节水质至关重要。要根据水质及时注水或换水，一般在产前每周冲水1次，用流水刺激亲本泥鳅，促其性腺快速发育。夏季高温时2天注水1次。结合池塘注、排水，清理池水中过多的蓝绿藻。

防鸟网的具体设置方法：在池塘的四角埋4根桩，垂直水体高度为1.5米，这样便于饲养管理，在2个较短的池埂上分别用铁丝连接相邻的2根桩，拉紧固定，然后在2根铁丝上平行拉上3根×2根的网线，网线间距30厘米。实践证明：这是当前一种最简单、有效的防鸟方法，使用此法既保护了泥鳅，又保护了鸟类。

(4)防逃、防鸟　泥鳅个体小，体表光滑，极易外逃。排水口应设置防逃网，池塘四周不用围网，在塘埂顶端应设置围网，以防止敌害进入池塘以及下暴雨时泥鳅外逃。泥鳅是很多水鸟的首选饵料，如白鹭等，泥鳅养殖池塘的鸟害得不到重视往往会造成惨重的损失，可采取在池塘上方设置防鸟网的方法加以防控。

(5)病害防治　由于亲本池塘密度相对较稀，坚持定期预防，一般很少发病。预防方法：每亩使用二氧化氯0.12千克，溶解后全池遍洒；每亩使用10%聚维酮碘300毫升。每月2次，交替使用。具体病害防治见本书专题六。

（6）定期冲水　4月下旬，要每隔1周左右向亲鳅培育池冲加新水1～2次，每次为2～3小时。流水能显著提高亲鳅的代谢作用，因此，在生长期要特别注意采用流水，在亲鳅性腺已进入第四期末时，每天向亲鳅池冲新鲜水2次，早、晚各1次，每次2小时左右，能显著提高亲鳅的代谢强度，使性腺加速成熟，提高催产效果。

六、亲鳅自然产卵繁殖关键技术

常见问题及原因解析

在产卵环节中常见问题主要是，没有根据泥鳅的繁殖习性设置消毒鱼巢，种植水草，引诱亲鳅产卵，不能及时捞取已产卵，造成亲鳅吞食已产卵粒，造成受精卵损失。

破解方案

泥鳅是多次产卵类型的鱼类。长江流域在4月下旬，当水温逐渐升至18℃以上时雌鳅便开始产卵，一直到8月，均属其产卵季节。产卵盛期在5月下旬至6月下旬。每次产卵往往要4～7天才能产完。可以在泥鳅较集中的地方设置鱼巢，诱使泥鳅在上面产卵受精，然后收集受精卵进行孵化。为了收集较多的受精卵，可以采用天然增殖措施，即选择环境较僻静、水草较多的浅水区施几筐草木灰，而后每亩施400～500千克的猪、牛、羊等畜粪。周围要采取有效的保护措施，防止青蛙等的侵袭。这样便可诱集大量泥鳅前来产卵，收集较多的受精卵。专门建立产卵池、孵化池，创造人工环境，让泥鳅在专用池中自然交配产卵，并用鱼巢收集大量受精卵，然后在孵化池中人工孵化，这种方法更为实用。

1. 产卵池和孵化池的准备

该项工作应在泥鳅繁殖季节之前准备完毕。先将池水排干，晒塘到底泥裂缝。每亩用70～100千克生石灰清塘。待药性消失后在池塘中栽培水生植物，如蒿草、稗草等作为鱼巢，或放养水浮莲、水葫芦等。池中每亩施入预先腐熟并做消毒的畜粪 400 ~ 500 千克。进水水位达 20 ~ 30 厘米。池周设置防蛙、防鸟和防逃设施。产卵池、孵化池可以是土池或水泥池，面积不宜太大，以利于操作管理。规模小的也可用水箱，或用砖砌成形或薄膜铺填成水池，或用各类筐等作支撑架，铺填薄膜加水等方法。

2. 鱼巢的准备

除了在产卵池中种养水生植物作为鱼巢外，还可以增设杨柳须根、棕榈皮等作为人工鱼巢。人工鱼巢预先用开水烫或煮，漂净晒干。棕榈皮则要用生石灰水浸泡 2 天。生石灰用量为每千克棕榈皮 5 千克生石灰，用生石灰水浸泡后再放入池塘中浸泡 12 天，晒干备用。为了使鱼巢消毒防霉，常用 0.3% 的福尔马林浸泡 5 ~ 10 分，或 0.001% 的高锰酸钾溶液浸泡 30 分。将晒干的鱼巢扎把后吊挂在绳或竹竿上，放入池中。

3. 亲鱼入池

亲鳅雌、雄比例按 1 ：（2 ~ 3）放入产卵池。入池时机宜选水温达到 20℃ 以上晴天时进行。每亩放亲鳅 600 ~ 800 尾。

4. 采集受精卵

鱼巢用桩固定在产卵池四周或中央。当水温在 20℃ 以下时，泥鳅往往在第二天凌晨产卵。5～6月水温较高时，泥鳅多在夜间或雨后产卵。自然产卵多在上午结束。根据以往经验，认为在水泥池中，也可在鱼巢下设置承卵纱框以承接未曾黏牢而脱落下来的受精卵，以利孵化。承卵纱框可用木制框钉上窗纱并拉紧，放入时用石块压住。这种承卵纱框装载受精卵后，除去石块上浮水面可兼作孵化框用。附着了受精卵的鱼巢和承卵纱框要及时取出放入孵化池孵化育苗，以免被亲鳅大量吞食。由于泥鳅卵黏性较差，操作时要格外小心，防止受精卵脱落。同时放入新的鱼巢，让尚未产卵的泥鳅继续产卵。

七、泥鳅人工催产繁殖关键技术

常见问题及原因解析

泥鳅人工催产中主要问题有：催产剂选择不合适，人工催产的时机把握不准等。

破解方案

1. 催产用具和药物的准备

（1）常用用具　一是注射器，容量1～2毫升的医用（做皮试）注射器数支，20毫升注射器3支；二是注射针，4号或4.5号及18号针数支；三是研钵，直径6厘米的两副，用于磨碎精巢和脑垂体；四是锥形量筒，100毫升或50毫升，有刻度，或有刻度的吸管，用于盛放或吸取溶在林格液中的精液；五是粗鹅毛，人工授精时用于搅拌精卵，并用于拨放卵到鱼巢上；六是解剖刀、剪、镊子，各1把，用于摘取垂体和精巢，另备小木板、钉、钳；七是器皿，用于暂养亲鳅，如盆、桶等若干个；八是干毛巾和纱布，催产时用于擦洗、抓持亲鳅。

（2）常用药物　一是林格液：氯化钠7.5克，氯化钾0.2克，氯化钙0.4克，溶入1升蒸馏水中制成；二是生理盐水：0.6%的氯化钠溶液；三是催产剂：绒毛膜促性腺激素（HCG）、脑垂体（PG），其中以

HCG 效果较好，PG 的效果也较好，HCG 的用量为每克体重配用 15 国际单位，一般个体小的每尾用 100～250 国际单位，50～60 克雌鳅每尾用 800～1 000 国际单位，以上催产剂雄鱼均减半，PG 的用量可按每尾雌鳅用 0.5 千克重鲤鱼脑垂体 0.5 个或用泥鳅脑垂体 4 个或青蛙脑垂体 2 个；四是注射液：以上述催产剂，按每尾用量直接加 1 毫升生理盐水或林格液配制而成；五是麻醉剂：MS-22、丁卡因。为避免催产操作抓鳅困难，可预先将泥鳅放入每升水中含 0.1 克的 MS-22 或 2%的丁卡因溶液中实施麻醉。

2. 成熟泥鳅的鉴别

亲鳅成熟度的优劣涉及人工催产乃至受精卵好坏与孵化率的高低。一般雄亲鳅能挤出精液，较易判别。雌亲鳅卵巢发育要求达到正好成熟阶段，不成熟或过度成熟便会使人工繁殖失败，接近成熟阶段则可以采用人工催熟。鉴别亲鳅成熟程度通常采用"一看、二摸、三挤"的方法。首先目测泥鳅体格大小和形状。一般较大的泥鳅，在生殖季节雌鳅腹部膨大、柔软而饱满，并呈略带透亮的粉红色或黄色；生殖孔开放并微红，表示成熟度好、怀卵量大。雄亲鳅的腹部扁平，不膨大，轻挤压有乳白色精液从生殖孔流出，入水能散开，并镜检精子活泼，表示成熟度好。若要检查卵的成熟情况，则轻压雌亲鳅腹部，卵即排出，呈米黄色半透明，并有黏着力的，则是成熟卵。如需强压腹部才排出卵，卵呈白色而不透明、无黏着力的，则为不成熟卵。初期过熟卵，卵呈米黄色，半透明有黏着力，而受精后约 1 小时逐渐变成白色；中期过熟卵，卵呈米黄色，半透明，但动物极、植物极颜色白浊；后期过熟卵，原生质变白，极部物质变成黄色液体。

3. 人工催产自然受精

（1）催产期　人工催产的时间往往比自然繁殖期晚 1～2 个月，一般在人工繁殖期的中期水温 22℃以上时进行。这时亲鳅培育池中的泥鳅食量突然减少，抽样检查，可发现有的雌鳅腹侧已形成白斑点，这表明人工催产时机已到。在最适水温 25℃时，受精卵孵化率会高于 90%；水温过高，如 30℃时则受精率差，胚胎发育过程易产生死亡，所以应选较佳催产期。

（2）雌、雄亲鳅比例　雌、雄亲鳅配比与个体大小有关。亲鳅体长都在10厘米以上时，雌、雄亲鳅配比以1：（2～3）为宜；如雄鳅体长不到10厘米时，雌、雄亲鳅比应调配为1：（3～4）。

（3）注射催产剂（图38）

图38　注射催产剂

1）准备工作　催产用具预先进行消毒。如果是玻璃注射器，可用蒸馏水煮沸进行消毒，不能用一般自来水，因为自来水煮沸时容易在玻璃内壁形成薄层水垢，导致注射器阻滞。消毒后的器具应放置有序，避免临用时忙乱、污染。注射器、针头、镊子等最好放置在填有纱布的瓷盘中加盖。亲鳅预先换清水，除去污泥脏物。

2）催产剂选择及用量　人工催产是对已达到适当成熟的亲鱼（雌鱼卵巢处在第四期末），在适当温度下通过催产剂作用，使鱼体内部发生顺利的连锁反应，而达到产卵的目的。在这种情况下，卵膜吸水快，膨压大，受精率高，胚胎发育整齐、畸形胚胎少，孵化率高，最后所获苗种体格健壮，发育正常。当亲鳅成熟度和外界水温达到生殖要求后，催产剂的注射便是关键。

应正确选择催产剂的品种和用量。一般是使用自己熟悉的催产剂，这样工作起来容易做到心中有数。就目前来说，泥鳅人工繁殖催产剂一般选绒毛膜促性腺激素（HCG）或脑垂体（PG）或 HCG＋PG，而促黄体素释放激素类似物（LRH-A）单独使用，往往效果不好。有时采用 HCG 或 PG＋LRH-A。

从用量来说，因催产剂除了能使亲鳅正常产卵排精外，还能在短期内促使亲鳅性腺成熟，所以用量一定要掌握好。用量过多，不仅浪费，还会影响卵的质量。掌握催产剂用量的原则有以下几点：一是早期用量适当偏高，一般比中期用量高 25% 左右。这是由于早期水温较低，生殖腺敏感度差些，常出现能排卵而不能产卵的现象。此时适当增加催产剂用量，就能加强对卵巢膜的刺激，促进产卵。二是早期适当增加脑垂体，一般比中期用量高 30%～50%。这是由于亲鳅早期成熟度差，增加用量可在短期内促进卵细胞成熟。三是在整个生产过程中，对成熟度差的雌鳅都可增加脑垂体。四是对腹部膨大的雌鳅，宜适当减少催产剂用量。五是避免脑垂体总量过大，以免引入较多异体蛋白而影响卵、精子的质量。对雄鳅注射量一般为雌鳅的一半。但在催产季节的中后期，许多雄鳅在没有注射催产剂时，精液已很丰富，即使不做注射，也不致影响雄鳅发情和卵的受精率。此时如做注射，反而会引起精液早泄而不利于受精。

催产剂要用生理盐水或林格液来配制，从实践来看，一般以每尾泥鳅注射量为 0.1～0.2 毫升为宜。如配制太稀，会造成注入泥鳅体量太多，对吸收或泥鳅体承受不利；如太浓，容易造成针头阻塞或一旦注射渗漏，失去有效注入剂量太多。

配制催产剂的量要根据泥鳅数量（适当增量）来估计，因为在操作时不可避免地会有损失。药液最好当天用完，如有剩余则可储存在冰箱冷藏箱中，一般 3 天内药效不会降低。也可将药液装瓶密封，挂浸在井水之中第二天再用。如怀疑药效降低，则可用来注射雄鳅，不致浪费。

（4）注射时间安排　催产剂注射后有一个效应时间，效应时间是指激素注射后至达到发情高潮的时间。效应时间长短与成熟度、激素种类、水温等有关。一般来说其他条件相同时与水温的关系较为密切（因此，可根据催产后亲鳅所在环境水温的高低，推算达到发情产卵的时间，以便安排产卵后的工作）。

（5）注射方法

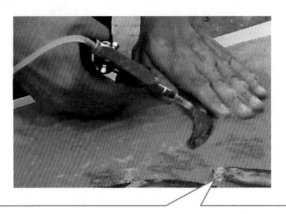

泥鳅个体小，多采用1毫升的注射器和18号针头进行注射。每尾注入0.2毫升（雌鳅）或0.1毫升（雄鳅）的药液。泥鳅滑溜，较难用手持住操作，故注射时需用毛巾将其包裹，掀开毛巾一角，露出泥鳅注射部位。注射部位一般是腹鳍前方约1厘米的地方，避开腹中线，使针管与鱼体呈30°，针头朝头部方向进针，进针深度控制在0.2～0.3厘米。也可采用背部肌内注射。为了准确掌握进针深度，可在针头基部预先套一截细电线上的胶皮管，只让针头露出0.2～0.3厘米。为便于操作，也可将泥鳅预先用2%的丁卡因浸泡麻醉后再行注射。按照泥鳅自然生活节律，为了催产效果更好，以每天下午6点左右安排进行催产剂注射较好。

（6）自然交配受精　经注射催产剂后的亲鳅可放在产卵池或网箱中进行自然交配受精。将预先洗净消毒扎把的鱼巢布设在产卵池或网箱中。一般网箱规格为2米×1米×0.5米（长×宽×高），每只网箱放亲鳅50组。雌、雄泥鳅在未发情之前，静卧产卵池或网箱底部，少数上下蹿动。接近发情时，雌、雄泥鳅以头部互相摩擦、呼吸急促，表现为鳃部迅速开合，也有以身体互相轻擦的。雌鳅逐渐游到水面，雄鳅跟上追逐到水面，并进行肠呼吸，从肛门排出气泡。当一组开始追逐，便引发几组追逐起来。如此反复几次追逐，发情渐达高潮。当临近产卵时，雄鳅会卷住雌鳅躯体，雌鳅产卵、雄鳅排精。这时雄鳅结束卷曲动作，雌、雄泥鳅暂时分别潜入水底。稍停后，开始再追逐，雄鳅再次卷住雌鳅，雌鳅再次产卵、雄鳅排精。这种动作要反复进行多次，体形大的次数可能会更多。由于雌、雄泥鳅成熟度个体差异以及催产剂效应作用的快慢不同，同一批亲鳅的这种卷体排卵动作间隔时间有长有短。有人观察，在水温25℃时，有些泥鳅两次卷体时间间隔2小时20分之久，有的间隔为20分，间隔短的仅10分左右。

每尾雌鳅一个产卵期共可产卵3 000～5 000粒。卵分多次产出，一般每次产200～300粒。受精卵附着在鱼巢上，如鱼巢上附着的卵较多时，应及时取出，换进新的鱼巢。泥鳅卵的黏性较差，附着能力弱，容易脱落。产卵池中的鱼巢下可设置可浮性纱框，承接落下的受精卵，以便提高孵化率。产卵结束后，将亲鳅全部捞出，受精卵在原池或原网箱或其他地方孵化，避免亲鳅吞食受精卵。

八、人工授精关键技术

常见问题及原因解析

合适把握催产季节和催产时机，对提高催产率非常关键，人工授精中不能淋入水操作，操作中不熟练，损伤受精卵，严重影响受精率和出苗率。

破解方案

由于泥鳅是分批产卵的，让其自然产卵受精往往产卵率和受精率不高。如采用人工授精，可获得大批量受精卵，效果较自然受精好得多。人工授精往往比天然繁殖时间晚1～2个月，长江流域地区一般在5～6月的晴天水温较高时进行。这时如培育的亲鳅食量突然减少，说明是催产的时机到了。人工授精的地方应在室内，避开阳光直射。

人工授精的大体过程是：注射催产剂→发情高潮之前取精巢→制备精液→挤卵→同时射入精液→搅拌→漂去多余精液和血污物。为了做到不忙乱有节奏地工作，一般 3 人为一组，操作时动作要迅速、轻巧，避免损伤受精卵。人工授精的关键是适时授精，否则会影响受精率和孵化率。

1. 人工催产

人工催产是对雌、雄亲鳅注射催产素，注射方法与前述相同。为做到适时授精，必须根据当时水温和季节准确估计效应时间，以便协调制备精液以及挤卵工作。

2. 人工授精

当临近效应时间之时，要经常检查网箱内亲泥鳅活动，如发现有雌、雄鳅到水面追逐激烈，鳃张合频繁呼吸急促时，说明发情高潮来临。轻压雌鳅腹部，若有黄色卵流出并卵粒分散，说明授精时机已到，应迅速进行授精。

（1）精液制备　在发情高潮来临之前应及时制备精液。由于泥鳅的精液无法挤出，所以要进行剖腹取精巢。雄鳅精巢贴附在脊椎的两侧，为两条乳白色的精巢。剖开腹部寻到精巢，用镊子轻轻地取出精巢，放在研钵中，再用剪刀将其剪碎，最后用钵棒轻轻地研磨，并立即用林格液或生理食盐水稀释。一般每尾雄鳅的精巢可加入 20～50 毫升的林格液。要避免阳光照射，并防止淡水混入，以保持精子的生命力。精液制备完成，马上进行人工授精。

（2）人工授精操作　在规模不大时，可用一白瓷碗，装盛适量清水，一人将成熟雌鳅以毛巾或纱布裹住，露出腹部，以右手拇指由前向后轻压，将成熟卵挤入瓷盆中，另一人用 20 毫升注射用针筒吸取精液（不装注射针）浇在卵子上，第三个人一手持住大碗轻轻摇晃，另一手用鹅毛轻轻搅拌，使精液充分接触卵子。数秒后加入少量清水，激活精子并使卵子充分受精。随即将受精卵进行孵化。

大规模生产时，用 500 毫升烧杯，加 400 毫升林格液，以同样的操作组合，尽快将卵挤入，同时用鹅毛搅拌，经 4～5 分后，倒掉上层的林格液，添加新林格液，洗去血污。把预先配制的精液倒入烧杯中，同时用羽毛搅拌，使精卵充分混合，再将受精卵进行孵化。

九、泥鳅人工孵化的关键技术

泥鳅受精卵进行黏着孵化时如果操作不慎容易引起受精卵脱落，流水孵化时需要孵化缸、孵化箱或孵化环道等设施，在孵化过程中由于流速快慢不匀、放卵密度过高、孵化水质不能满足胚胎发育需要等原因，而影响泥鳅受精卵的孵化率。

破解方案

孵化受精卵可以黏着孵化，也可脱黏后放在孵化缸、孵化槽或孵化环道内孵化。黏卵鱼巢可在静水中孵化，也可在微流水中孵化。静水孵化时每升水放受精卵400～600粒，流水孵化则可加倍。黏着孵化时要求水深20～25厘米、水质清新、含氧量高，并应尽量少挪动鱼巢，以免受精卵大量脱落。鳅卵可以在网箱内静水孵化，鳅卵在网箱中易堆集，往往会由于缺氧而死亡，因而还是采用孵化缸、孵化槽或孵化环道流水孵化为宜，也可在育苗池中孵化。

1. 静水孵化

把粘有受精卵的鱼巢放入孵化池、孵化箱或产卵池内孵化，水质要求清新。每升水可放400～600个受精卵，要注意防止受精卵挤压在一块，若发现受精卵相互挤压，就要用搅水的方法或用吸管使之分离开来，以避免因缺氧而影响孵化率。

2. 流水孵化

用流水或微流水孵化，是把受精卵放在孵化缸、孵化箱或孵化环道中进行孵化。

(1)附巢流水孵化　受精卵附在鱼巢上，放入孵化设施中进行微流水孵化，水流速度以不冲落附在巢上的卵为宜，每升水可放800～1 200粒卵。

(2)去巢流水孵化　受精卵脱黏或不脱黏，掌握好流速放入孵化设施中孵化。一般孵化环道、孵化缸等流水孵化，放卵密度为每升水放

800～1 200 粒卵。

3. 泥鳅受精卵孵化与时间的关系

孵化期间为防备寒潮与暴风雨的袭击，可以在寒潮来临之前用塑料薄膜将孵化设施盖上，仍要留下气孔。也可以用其他保暖方法进行处理。孵化用水的水温变化要控制在 ±3℃以内。所用孵化时间随水温高低而不同，呈负相关关系，孵苗水温范围是 12～31℃，适宜水温是 20～28℃，最适水温是25℃左右。水温在15℃以下时100多小时才能出苗；水温20℃时，48小时出苗；水温25℃时，大约24小时出苗；水温30℃时，12小时左右出苗。孵化率的高低，以同一批卵进行对比，水温15℃时为80%，20℃时为94%。

4. 孵化缸的制作方法

孵化缸多用陶瓷缸改制而成，是一种经济、方便、效果较好的简化工具，适合小规模生产。其容水量为200～400升，可放受精卵40万～100万粒。孵化缸的制作方法：①将陶制釉缸的缸底固定，小心在缸底部中央或底部侧面敲一个小洞，插入钢管后，用混凝土和石块将水管固定。管口用木塞塞好，勿使混凝土浆进入。②隔1天，待混凝土固定后，将孵化缸倾倒，将混凝土浆放入缸内，用一弧形板沿底部向缸中部做弧面，做好半面，停6小时，待水泥凝固后，再转动缸体做另外部分。③第三天待混凝土凝固后，扶正缸体，在缸内壁喷些水，表面撒匀水泥干粉，用排刷刷光表面。

十、泥鳅人工孵化管理的关键环节

常见问题及原因解析

由于受精卵计数不准，有可能导致被动增高放卵密度；在控制水质、水量、流速及水温等方面由于经验不足，各影响因素不能协调；没有及时洗刷滤网、清除污物及捞出鱼巢等影响孵化水质等，降低受精卵孵化率。

1. 孵化密度

采用孵化缸孵化的，一般每毫升水体放卵 2～3 粒。采用孵化环道的，因鱼卵在环道中的分布不如孵化缸均匀，一般内侧多，外侧少，放卵密度仅及孵化缸的 1/3～1/2。

将环道底部做成"U"形（图 39），增加过滤纱窗面积，加快水体交换量等措施，可使每毫升水体的放卵量提高到 1～2 粒。采用孵化槽的，每毫升水体放卵 0.5～1 粒。采用静水孵化的，每毫升水体可放 0.5 粒左右，用这种方式孵化，受精卵应撒在人工鱼巢上。

2. 水质

孵化用水应清新、富氧、无污染，溶氧量在 6～7 毫克/升，不得低于 2 毫克/升，pH 为 7～8。

3. 控制水量

在正常孵化过程中，水流的控制一般采取"慢—快—慢"的方式。在孵化缸中，受精卵刚放入时，水流只要能将鱼卵冲至水面中处（如煮粥沸腾状）即可，此时每 20 分左右使全部水体更换 1 次。孵化环道中亦可以见卵冲至水面为准，即流速控制为每秒 0.3 米，每 30 分左右使全部水体更换 1 次。孵化出膜前后，必须加大水流量，孵化缸要掌握在每 15 分使全部水量更换 1 次，孵化环道水流速度要控制在每秒 0.2 米，水体每 20 分左右更换 1 次。待鱼苗全部孵化后，水流应适当减缓。

图 39 孵化环道

4. 水温

水温的高低直接影响泥鳅苗种的孵化率。孵化最适水温为25℃。水温低，则孵化率低，但只要管理得当，孵化率仍可达90％以上。

5. 洗刷滤网及清除污物

泥鳅苗种出膜阶段要及时清除过滤网上的卵膜及污物。

6. 及时取出鱼巢

泥鳅苗种孵出后往往先躲在鱼巢中，游动不活跃，之后渐渐游离鱼巢。这时可把鱼巢荡涤出鱼苗，取出鱼巢，洗净卵膜，除去丝须太少的部分，重新消毒扎把，以做再用。

十一、泥鳅苗种出膜后发育特点及管理的关键技术

常见问题及原因解析

养殖户缺乏泥鳅幼体发育及食性特点等基础知识，生产管理多处于盲目，不能根据其幼体发育及食性特点采取合理措施满足其营养需求，从而影响后期培育及成鳅养殖。

破解方案

泥鳅出膜后呈透明的"痘点"状，见图40。在孵化后第三天，要喂煮熟的鸡蛋黄（每10万尾1个鸡蛋黄），1天2次，1次1个，随着个体的增长，可逐渐投喂豆饼浆、水蚤、小轮虫等。投饲时小流水量，连喂3天，待鱼体由黑变淡黄色时，即可下池转入幼鱼培育阶段。

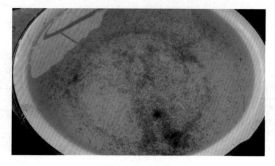

图40 泥鳅苗种

专题八
泥鳅苗种培育关键技术

专题提示

泥鳅苗种培育一般可分为夏花培育和大规格鱼种培育。针对泥鳅苗种培育的技术要求，以及苗种不同阶段生长发育特点，苗种对环境条件、饲养管理、营养需要等方面有不同的要求。

一、泥鳅苗种发育过程及其关注要点

常见问题及原因解析

泥鳅苗种生长发育初期，形态特征以及生活习性变化较快，对环境影响比较敏感，对养殖管理者技术要求较高，但由于养殖户缺乏泥鳅苗种生长发育过程的基本知识，在生产管理中的很多措施多是凭经验，都具有一定的盲目性，最终苗种培育产量不稳定，质量差异也很大，影响苗种生产者的经济效益及商业信誉。

破解方案

泥鳅苗种生长发育过程及其关注要点有：①泥鳅苗种刚孵出时全长约3.5毫米，吻端具黏着器。此时泥鳅苗种都粘在鱼巢或其他物体上。②孵出后8小时左右，体长约4毫米，口裂出现，口角有1对须；鳃丝露在鳃盖外，形成外鳃；胸鳍逐渐扩大，全身出现稀疏的黑色素。这时泥鳅苗种由刚孵出时呈透明的"痘点"状到体色逐渐变黑。③孵出后33小时，体长4.5毫米，口下颌已能活动，口角出现2对须；卵黄囊缩小；外鳃继续伸长；胸鳍能来回扇动，体表黑色素增加。④孵出约60小时，体长5.5毫米，已能做简单的游动；具须3对，鳃盖扩大，已延伸到胸鳍基部，但鳃丝仍有外露部分；鳔已出现；卵黄囊接近消失；鱼苗已开口摄食轮虫等食物，所以孵出约3天便要开始喂食，如不喂，第五天便开始出现死亡，10天全部死亡。⑤孵出84小时，体长7毫米左右；外鳃已缩入鳃盖内；鳔已渐圆，具须4对；卵黄囊全部消失；肠管内可见食物团充积；鱼苗能自由游动。⑥孵出后12天，体长11毫米；鳃已发育完整；具须5对，鳔呈圆形；胸鳍缩小，尾鳍条增多，背鳍条和臀鳍条均已发生。⑦孵出21天，体长达到15毫米以上，形态已与成鳅相仿。这时候的泥鳅苗种的呼吸功能由鳃呼吸逐渐转化为兼营肠呼吸。也就是说，这时的肠除了消化吸收功能之外，还具有肠呼吸功能，此时不能投喂太饱，以免影响肠呼吸功能。通过孵出后的前期培育（约21天），泥鳅苗种形态已长成与成体相似，呼吸功能也逐渐健全。这时便转入泥鳅夏花培育阶段。⑧从体长1.5厘米的泥鳅苗种培育长成3厘米的夏花称夏花培育阶段。在水质良好、饵料充足、饲养精细的条件下，经1个多月培育一般都能长成3厘米体长的夏花种（图41）。这时泥鳅已具有钻泥习性，适应环境的能力也大大加强，便可转入成鳅饲养阶段。⑨体长3厘米的夏花虽已初步长成，但各种生理功能尚未完全发育成熟，这时进行长途运输或直接进行成鳅养殖，成活率尚不能保证。但原池中密度已过高，个体差异也比较大，应将泥鳅苗种进行筛选分养。再经约1个月饲养长成5厘米以上的泥鳅苗种后再进行长途运输和移入成泥鳅池养殖，这一生产过程称为泥鳅苗种培育阶段。一般当年泥鳅苗种能培育成体长6厘米左右，体重13克的大规格鳅种。⑩5厘米以上鳅种经1年养殖，便可养成每尾重10克以上的商品泥鳅。

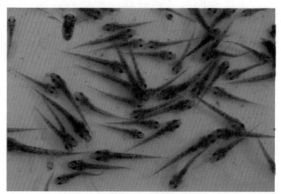

图41 泥鳅夏花

二、泥鳅苗种前期培育的关键技术

破解方案

受精卵孵化后约3天，卵黄囊全部消失，口器形成，肌节增多，尾鳍鳍条出现，胸鳍显著扩大，鳔也出现，这时泥鳅苗种开始从侧游变为短距离平游；肠管内充满食物，开始主动摄食，这阶段应人工投喂。一般可投喂煮熟的蛋黄及鱼粉等。

方法是将蛋煮熟，取出蛋黄，装在120目筛绢袋中，在盆水中捏洗出蛋黄悬浊汁，然后泼洒投喂。这时如苗种在孵化缸内，水流应减缓。10万尾苗种第一天喂投喂量为1个蛋黄，第二天1.5个，第三天2个，分上午、下午2次投喂。若是鱼粉，则每10万尾每天喂10克。没有鱼粉的，用鱼晒干后磨成粉也可以。连喂3天后，待苗种体表颜色由黑色转变成淡黄色时，便可以出缸下池进行夏花培育。

三、泥鳅夏花培育的关键技术

前期泥鳅苗种对环境要求较高，并且大多数营养是摄取水体中天然饵料，因此用作泥鳅夏花培育池条件要求较高，需要彻底消毒、脱碱、施肥等，并且消毒、脱碱后需要先用试水鱼检验，但养殖者往往忽略养殖条件，凭经验放苗种，结果达不到理想育苗效果。

破解方案

1. 培育条件的准备

采用专用泥鳅苗种培育池最好，也可采用稻田或池塘里开挖的鱼沟、鱼溜或鱼凼。一般在放苗前 10 ～ 15 天清整除野消毒，然后注水 20 厘米，施适量有机肥培养饵料生物，待清整药物药性消失、水色变绿变浓后即可放苗。

专用培育池面积不宜过大，应选在水源方便的泥鳅养殖基地附近。最好用水泥池，每池 50 米^{2}左右。池壁高 70 厘米左右，光滑不漏水。如是泥池，池底和池壁要夯实。

如是新建水泥池，不可直接使用，必须先经脱碱洗净后方可使用。脱碱的方法有以下几种：①醋酸法。用醋酸洗刷水泥池表面，然后注满水浸池数日。②过磷酸钙法。每立方米池水中溶入过磷酸钙肥料 1 千克，浸池 12 天。③酸性磷酸钠法。每立方米水中溶入酸性磷酸钠 20 克，泡池 2 天。④稻草、麦秸浸泡法。水泥池加满水后放一层稻草或麦秸浸泡 1 个月左右。采用上述方法之一脱碱之后，再用水洗净方能放苗。为了安全，可用 pH 试纸测试碱性或放几尾小鱼试水，1 天后无不良反应，再放养泥鳅苗种。

也可利用孵化池、孵化槽、产卵池及家鱼苗种池作为泥鳅苗种培育池。水泥池的底部要铺一层 10 ～ 30 厘米厚的腐殖土，其制法可用等量猪粪和淤泥拌匀后堆放发酵而成。

2. 清塘消毒

每 100 米² 用生石灰 9 ～ 10 千克进行清塘消毒。方法是在池中挖几个浅坑，将生石灰倒入加水化开，趁热全池泼洒。第二天用耙将塘泥与石灰耙匀后放水 20 厘米左右。适量施入有机肥料用以培育水质，生产活的生物饵料。经 7 ～ 10 天后待生石灰药力消失，放几尾试水鱼，1 天后无异常，轮虫密度达 4 ～ 5 只 / 毫升即可放苗。

四、泥鳅苗种优劣判断的关键技术

常见问题及原因解析

多数泥鳅养殖者为养鱼户或其他行业新近转产的，对泥鳅生产技术掌握不多，没有鱼苗优劣的判别技术，尤其是在泥鳅苗种紧缺情况下，见苗就买，导致后期成鳅养殖效益达不到预期。

破解方案

在泥鳅苗种装运、长途运输之前应挑选体质好的苗种，方能保证运输及饲养中的成活率。

苗种优劣可参考以下几方面来判别：①了解该批苗种繁殖中的受精率、孵化率。一般受精率、孵化率高的批次，苗种体质较好。②好的苗种体色鲜嫩，体形匀称、肥满，大小一致，游动活泼有精神。

③装盛少量苗种在白瓷盆中，用嘴适度吹动水面，其中顶风、逆水游动者强；随水波被吹至盆边者弱，如强的为多数则优。④盛苗种在白瓷盆中，沥去水后在盆底剧烈挣扎，头尾弯曲厉害的强；苗种贴盆边盆底、挣扎力度弱或仅以头、尾略扭动者弱。⑤将苗种放在鱼篓中，略搅水成旋涡，其中能在边缘逆水游动者为强；被卷入旋涡中央部位，随波逐流者弱。

在网箱中暂养时间太久的会消瘦、体质下降，不宜做长途转运。

五、泥鳅苗种运输的关键技术

常见问题及原因解析

一些泥鳅养殖户为降低运输成本，往往采用高密度密封式充氧运输，误认为氧气有保证就能安全运输，忽略泥鳅苗种自身产生大量二氧化碳、氨气等代谢产物而引起苗种麻痹死亡，影响苗种运输成活率。

破解方案

泥鳅苗种长途转运时必须用鱼苗袋并充氧气，否则极易死亡。在密封式充氧气运输中，水中溶氧量充足，一般掌握适当密度不会缺氧，但为降低运输成本，又要达到一定的密度。苗种在运输中，不断向水中排出二氧化碳、氨气等代谢产物。在密封式运输中，由于二氧化碳和氨气不能向外散发，时间一长，往往积累较高浓度，甚至会引起苗种麻痹死亡。据测试，当苗种发生死亡时，塑料充氧袋水中溶氧量仍较高，最低也达 2 毫克 / 升，而二氧化碳升至 150 毫克 / 升，所以塑料袋中苗种死亡有时不是因为缺氧，而是高浓度二氧化碳和氨气等的协同作用引起的，这时应替换新水方能预防。充氧袋中用水不宜用池塘肥水，应选择大水面清新水体，如河、湖泊、水库水。水中有机物、浮游生物量要少，以减少耗氧气和二氧化碳积聚。水质应为中性或微碱性。如用自来水，则应预先在大容器中储存 2～3 天，逸出余氯或向自来水中充气 24 小时后再用。装运前一天装在网箱中，停止喂食，网箱放置在清洁大水面中，让苗种排除污物，以减少途中水质污染。袋中空气要排尽后再充氧气。如是空运，不宜将氧气充得太足，以免飞机升空因气压变化而胀破塑料袋。天气太热时，可在苗种箱和塑料充氧袋之间加冰块。

　　具体做法是：预先制冰，将冰装入小塑料袋并扎紧袋口，均匀放在苗种箱中间，苗种箱用胶带封口后立即发运。如果路程长，运输时间久，转运途中需开袋重新充氧气，如水质污染严重，应重新换新水。

六、泥鳅苗种放养关键技术

常见问题及原因解析

　　养殖户通常将运输到目的地的泥鳅苗种不经过缓苗、饱苗暂养等处理而急于下塘，甚至把不同规格的泥鳅苗种同池放养，结果因苗种适应能力差，活动范围小，获取不到充足的饵料而降低成活率。

1. 适当密度

一般放养孵出 2～4 天的水花泥鳅苗种，每平方米池 800～1 000 尾，静水池宜偏稀，具有半流水条件的池可偏密；体长 1 厘米左右的小苗（10 日龄），每平方米池 500～1 000 尾。

2. 饱苗放养

先将泥鳅苗种暂养网箱半天，并喂给蛋黄，按每 10 万尾投喂鸡蛋黄 1 个。具体做法参照前述关于泥鳅苗种前期培育中的操作方法，然后再进行放养。

3. "缓苗"处理

如用塑料充氧袋装运而来的苗种，放养时注意袋内袋外温差不可大于 3℃，否则会因温度剧变而死亡。可先按次序将装苗种袋漂浮于放苗的水体，然后再开第一个袋，使袋内外水体温度接近后（约漂 30 分），并向袋内灌池水，让苗种自己从袋中游出。

4. "肥水"下塘

为使泥鳅苗种下塘后能立即吃到适口饵料，预先应培育好水质。如池中大型浮游生物较多，由于泥鳅苗种小而吃不进，不仅不能作为泥鳅苗种的活饵料，还会消耗水体中大量的较小型饵料和氧气。遇有这种情况，可以在泥鳅苗种下池前先放"试水鱼"，以控制水中大型浮游生物量，同时用以测定池水肥瘦。如发现"试水鱼"在太阳出来后仍然浮头，说明池水过肥，应减少施肥量；如果"试水鱼"全天不浮头或很少浮头，说明水质偏瘦，可适当施肥；如果"试水鱼"每天清晨浮头，太阳出来后即下沉，说明水体肥瘦适中，可放泥鳅苗种。用"试水鱼"也可测定清塘消毒剂药力是否消失，如果"试水鱼"活动正常，表示药力消失，可以放苗种。但在泥鳅苗种放养前应将"试水鱼"全部捕起，以免影响泥鳅苗种后期生长。

5. 同规格计数下塘

同一池内应放养同一批次、相同规格的泥鳅苗种，以免饲养中个体差异过大，影响成活率和小规格苗种的生长。放养时应经过计数下池。计数一般采用小量具打样即先将泥鳅苗种移入网箱中，然后将网箱一端稍稍提出水平面，使苗种集中在网箱一端，用小绢网勺舀起装满一量具，然后倒入盛水盆中，再用匙勺舀苗逐一计数，得出每一量具中苗的实数。放养时仍此量具舀苗计数放入池内，按量取的杯数来算出放苗数。量具也可采用不锈钢丝网特制的可沥除水的专用量杯，但制作时注意整个杯身内外必须光滑无刺，以免伤苗。

七、泥鳅苗种期饲养管理关键技术

常见问题及原因解析

养殖户缺乏泥鳅生长发育特点的基本知识，水质管理、溶氧量、饵料生物量等不能满足泥鳅苗种生长发育需求，而导致缺氧死亡、营养不良、影响生长发育等现象。同时，因为没有及时发现敌害生物、没有及时分养等同样会影响泥鳅苗种培育效益。

破解方案

1. 发育特点

泥鳅生长发育有其本身的特点，在孵出之后的半个月内尚不能进行肠呼吸，该阶段如同家鱼发塘期间，必须保证池塘水中有充足的溶氧量，否则极有可能在一夜之间因泛池而死光。半个月之后，泥鳅苗种的肠呼吸功能逐渐增强，一般生长发育至体长 1.5～2 厘米时，才逐步转为兼营肠呼吸，但肠呼吸功能还未达到生理健全程度，所以这时诱饵仍不能太足，饲料蛋白质含量不宜太高，否则会消化不全产生有害气体，妨碍肠呼吸。

2. 饲喂

泥鳅夏花入池时的首要工作是培肥水质，同时又要加喂适口饵料。在实际生产中通常采用施肥和投饲相结合的方法。投喂饲料时应做到定点投喂，以便今后集捕。

（1）施肥培育法　根据泥鳅喜肥水的特点，泥鳅苗种在天然环境中最好的开口饵料是小型浮游动物，如轮虫、小型枝角类等。采用施肥法，施用经发酵腐熟的人畜粪、堆肥、绿肥等有机肥和无机肥培育水质，以繁育泥鳅苗种喜食的饵料生物。一般在水温25℃时施入有机肥后7～8天轮虫生长达到高峰。轮虫繁殖高峰期往往能维持3～5天，之后因水中食物减少，枝角类等侵袭及泥鳅苗种摄食，其数量会迅速降低，这时要适当追施肥料。轮虫数量可用肉眼进行粗略估计，方法是用一般玻璃杯或烧杯，取水对阳光观察，如估计每毫升水中有10个小白点（车轮虫为白色小点状），表明该水体每升含轮虫10 000个。

水质清瘦时可施化肥快速肥水。在水温较低时，每100米^{3}水体每次施速效硝酸铵200～250克，而在水温较高时则改为施尿素250～300克。一般隔1天施1次，连施2～3次。以后根据水质情况进行追肥。在施化肥的同时，结合追施鸡粪等有机肥料，效果更好。水色调控以黄绿色为宜。水色过浓则应及时加注新水。除施肥之外，尚应投喂麦麸、豆饼粉、蚕蛹粉、鱼粉等。投喂量占泥鳅苗种总重的5%～10%。每天上午、下午各投喂1次，并根据水质、气温、天气、摄食及生长发育情况适当增减。

（2）豆浆培育法　豆浆不仅能培育水体中的浮游动物，而且可直接为泥鳅苗种摄食。泥鳅苗种下池后每天泼洒2次。泼浆是一项细致的技术工作，应尽量做到均匀。如在豆浆中适量增补熟蛋黄、鳗料粉、脱脂奶粉等，对泥鳅苗种的快速生长有促进作用。为提高出浆量，黄豆应在的温水中泡6～7小时，以两豆瓣中间微凹为度。磨浆（图42）时水与豆要一起加，一次成浆。不要磨成浓浆后再对水，这样容易发生沉淀。一般每千克黄豆磨成20升左右的浆，每千克豆饼则磨10升左右浆。豆饼要先粉碎，浸泡到发黏时再磨浆。磨成浆后要及时投喂。养成1万尾泥鳅苗种需黄豆5～7千克。

图42　磨浆

以上 2 种方法饲喂 2 周之后，就要改为以投饵为主。开始可撒喂粉末状配合饲料，几天后将粉末料调成糊状定点投喂。随泥鳅长大，再喂煮熟的米糠、麦麸、菜叶等饲料，拌和一些绞碎的动物内脏则会使泥鳅苗种长势更好。这时投喂量也由开始占体重的 2%～3% 逐渐增加到 5% 左右，最多不能超过 10%。每天上午、下午各投喂 1 次。通常凭经验以泥鳅在 2 小时内能基本吃完为宜。

3. 日常管理

(1)巡塘　黎明、中午和傍晚要坚持巡塘观察，主要观察泥鳅苗种的摄食、活动及水质变化。如水质较肥，天气闷热无风时，应注意泥鳅苗种有无浮头现象。泥鳅苗种浮头和家鱼不同，必须仔细观察才能发现。水中溶氧量充足时，泥鳅苗种散布在池底；水质缺氧恶化时，则集群在池壁，并沿壁慢慢上游，很少浮到水面来，仅在水面形成细小波纹。一般浮头在日出后即下沉，要是日出后继续浮头，且受惊后仍然不下沉，表明水质过肥，应立即停止施肥、喂食，并冲新水以改善水质增加溶氧。泥鳅苗种缺氧死亡往往发生在半夜到黎明这段时间，应特别注意。在饵料不足时，泥鳅苗种也会离开水底，行动活泼，但不会全体行动，这与浮头是容易区分的。如果发现泥鳅苗种离群，体色转黑，在池边缓慢游动，说明身体有病，必须检查诊治。如发现泥鳅苗种肚子膨胀或在水面仰游不下沉，说明进食过量，应停止投饵或减量。

(2)注意水质管理　既要保持水色黄绿，有充足的活饵料，又不能使水质过肥缺氧。前期保持水位约 30 厘米，每天交换一部分水量。通过控制施肥投饵保持水色，不能过量投喂。随着泥鳅苗种生长到后期，逐步加深水位达 50 厘米。

(3)注意调节水温　由于水位不深，在盛夏季节应控制水温在 30℃以内。可采用搭建遮阳篷、遮阳网，加注温度较低的水和放养漂浮性水生植物等来加以调节。

(4)清除敌害　泥鳅苗种培育时期天敌很多，如野杂鱼、蜻蜓幼虫、水蜈蚣、水蛇、水老鼠等，特别是蜻蜓幼虫危害最大。由于泥鳅繁殖季节与蜻蜓相同，在泥鳅苗种池内不时可见到蜻蜓飞来点水(产卵)，其孵出幼虫后即大量取食泥鳅苗种。防治方法主要依靠人工驱赶、捕捉。有条件在水面搭网，既可达到阻隔蜻蜓在水面产卵，又起遮阳降温作用。同时在注水时应采用密网过滤，防止敌害进入池中。发现蛙卵要及时捞除。

通过以上培育措施，一般30天左右泥鳅苗种都能长成3厘米左右苗种。

（5）分养　当泥鳅苗种大部分长成了3～4厘米的夏花苗种后，要及时进行分养，以避免密度过大和生长差异扩大，影响生长。分塘起捕时发觉泥鳅苗种体质较差时，应立即放回强化饲养2～3天后再起捕。分养操作具体做法是：先用夏花渔网将泥鳅捕起集中到网箱中，再用泥鳅筛进行筛选。泥鳅筛长和宽均为40厘米，高15厘米，底部用硬木做栅条，四周以杉木板围成。栅条长40厘米，宽1厘米，高2.5厘米。在分塘操作时手脚要轻巧，避免伤苗。

八、泥鳅大规格苗种的育成关键技术

常见问题及原因解析

养殖户培育泥鳅苗种时，放养密度一般较高，同时由于泥鳅苗种培育水体相对较小，水质管理难度较大，不易培育足量的天然生物饵料满足泥鳅苗种阶段食性特点，有些人工饲料配方还不能满足泥鳅苗种营养需求，都影响泥鳅苗种的生长速度。

破解方案

孵出的泥鳅苗种经1个多月的培育，长成夏花已开始有钻泥习性，这时可以转入成鳅池中饲养。但为了提高成活率，加快生长速度，也可以再饲养4～5个月，长成体长达到6厘米、体重2克以上的大规格泥鳅苗种时，再转入成鳅池养殖。如果泥鳅卵5月上中旬孵化，到6月中下旬便可以开始培育大规格鳅种。7～9月则是养殖鳅种的黄金时期。也可以用夏花泥鳅分养后经1个月左右培育成体长5厘米的鳅种，然后转入成鳅养殖池养殖商品泥鳅。

1. 泥鳅苗种阶段食性特点

泥鳅在幼苗阶段（体长5厘米以内），主要摄食浮游动物如轮虫、原生动物、枝角类和桡足类。当体长5～8厘米时，逐渐转向杂食性，主要摄食甲壳类、摇蚊幼虫、水蚯蚓、水陆生昆虫及其幼虫、蚬、幼螺、蚯蚓等，同时还摄食丝状藻、硅藻、植物碎片及种子。人工养殖中摄食粉状饲料和农副产品加工下脚料以及各种配合饲料等。还可摄食各种微生物、植物嫩芽等。

2. 池塘准备及放养

培育泥鳅苗种的池塘要预先做好清塘修整铺土工作，并施基肥，做到肥水下塘。池塘面积可比培育夏花阶段大，但最大不宜超过150米^2，以便于人工管理。水深保持40～50厘米。每平方米放养体长3厘米夏花苗500～800尾，同一池放养规格要整齐一致。

3. 饲养管理

在放养后的10～15天开始撒喂粉状配合饲料，几天之后将粉状配合饲料调成糊状定点投喂。随着泥鳅长大再喂煮熟的米糠、麦麸、菜叶等饲料，如拌和一些绞碎的动物内脏则长势更好。如是规模较大的苗种场，也可以自制或购买商品配合饲料投喂。喂食时将饲料拌和成软块状，投放在食台中（图43），把食台沉到水底。

人工配合饲料中的动、植物性饲料比例为6：4，用豆饼、菜籽饼、鱼粉（或蚕蛹粉）和血粉配制成。如

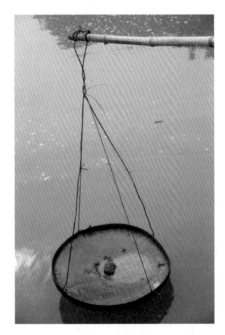

图43 食台

水温升至25℃以上时，饲料中的动物性饲料比例应提高到80%。

日投饵量随水温高低而有变化。通常为在池泥鳅总体重的3%～5%，

最多不超过10%。水温20～25℃时，日投量为在池泥鳅总体重的2%～5%；水温25℃时日投量为在池泥鳅总体重的5%～10%；水温30℃左右时少投喂或不投喂。每天上午、下午各投1次。具体投喂量则根据天气、水质、水温、饲料性质、摄食情况灵活掌握，一般以1～2小时吃完为宜，否则应随时增减投喂量。

苗种培育期间要根据水色适当追肥，可采用腐熟有机肥水泼浇。也可将经无公害处理过的有机肥在塘角沤制，使肥汁渗入水中。也可用尿素追施，方法是少量多次，以保持水色黄绿，肥度适当。其他有关日常管理可依照夏花培育中的日常管理进行。

九、稻田培育泥鳅苗种的关键技术

常见问题及原因解析

由于养殖户不是专业从事泥鳅夏花和苗种生产，养殖管理技术相对较差，加之泥鳅夏花和苗种适应能力差，稻田环境培育泥鳅夏花和苗种相对较差，因此培育数量及质量都需通过精心管理才能有保证。

破解方案

1. 稻田培育泥鳅夏花

稻田培育泥鳅夏花之前必须先经过清整消毒。每100米^{2}的稻田可放养孵化后15天的泥鳅苗种2.5万～3万尾。通常可采取两种放养方式。一是先用网箱暂养，当泥鳅苗种长成2～3厘米后再放入稻田饲养。由于初期阶段泥鳅苗种活动能力差，鳞片尚未长出，抵御敌害和细菌的能力弱，而通过网箱培育便可大大提高其成活率。二是把苗种直接放入鱼池中培育，底衬垫塑料薄膜，达到上述规格后再放养。饲养方法与孵化池培育相同。

稻田培育夏花的放养时间根据各地气候情况灵活掌握，气候较温暖的地方在插秧前放养，在较寒冷地方可在插秧后放养。

泥鳅苗种放养前期可投喂煮熟的蛋黄、小型水蚤和粉末状配合饲料。可将鲤鱼配合颗粒料，以每万尾5粒的量碾成粉末状，每天投喂2～3次。为观察摄食情况，初期可将粒状饲料放在白瓷盘中沉在水底，2小时后取出观察，如有残饵，说明投量过多需减量，反之则需加量。开始必须驯饵，直至习惯摄食为止。10天后检查苗情，如头大身小，说明饵料质量不高或数量不够。水温25～28℃时，泥鳅苗种食欲旺盛，应增加投喂量和投喂次数。每天可增加到4～5次，投饲量为总体重的2%。

饲养1个月之后，泥鳅苗种达到每克10～20尾时，可投喂小型水蚤、摇蚊幼虫、水蚯蚓及配合饲料。投配合饲料时，以每万尾15～20粒鲤鱼颗粒料碾成粉状料，每天投喂2～3次，并逐渐驯食天然饵料。

在培育中要定期注水增氧。投喂水蚤时，如发现水蚤聚集一处，水面出现粉红色时，说明水蚤繁殖过量，应立即注入新水。如泥鳅苗种头大体瘦时，应适当补充饵料，如麦麸、米糠、鱼类加工下脚料等。同时，每隔4～5天，在饵料培育池中增施经无公害处理过的鸡粪、牛粪和猪粪等粪肥，以繁殖天然饵料。

2. 稻田培育泥鳅苗种

在稻田中可放养泥鳅夏花进行鳅种培育。培育泥鳅苗种的稻田不宜太大，须设沟等设施。放养的夏花要经泥鳅筛过筛，达到同块稻田规格一致。放养前稻田应先经清整消毒。放养量为每100米^{2}5 000尾。

为了在较短时间内使泥鳅产生一个快速生长阶段，泥鳅苗种应采取肥水培育法。具体做法是在放养前每50米^{2}先施基肥50千克。饲养期间，用麻袋装有机肥，浸在鱼凼中作追肥，追肥量为50千克/100米^2。除施肥外，同时投喂人工饲料，如鱼粉、鱼浆、动物内脏、蚕蛹、猪血粉等动物性饲料以及谷物、米糠、大豆粉、麦麸、蔬菜、豆粕、酱粕等植物性饲料。随着泥鳅的生长，在饵料中逐步增加配合饲料的。人工配合饵料可用豆饼、菜籽饼、鱼粉或蚕蛹粉和血粉配制成。动植物性成分比例、日投量等可参看泥鳅苗种培育中有关部分。

投饵料应投在食台，切忌撒投，否则到秋季难以集中捕捞。方法是将配合饵料搅拌成软块状，投放在离底3～5厘米的食台上，使泥鳅习惯集中摄食。平时注意清除杂草，调节水质，日常管理与前述相同。当泥鳅幼苗长成体长 6 厘米以上、体重 5 ～ 6 克时，便成为泥鳅苗种，可转为成鳅饲养。

专题九
成鳅养殖关键技术

专题提示

成鳅养殖是指将体长8～10厘米、体重5～6克的苗种培养到10克以上的食用鳅。主要的养殖方式有池塘养殖、水泥池养殖、稻田养殖、网箱养殖、庭院养殖等。

一、成鳅池塘养殖关键技术

常见问题及原因解析

养殖户新建养鳅池或由养鱼池改建鳅池，忽视池塘底质、水质条件以及养殖管理缺少经验，同时防逃设施考虑不周全等，造成养成的泥鳅口味差，易发病，甚至出现大批量泥鳅逃跑现象。

破解方案

1. 成鳅池建设场地的选择（图44）

泥鳅虽然对环境的适应能力很强，但在高密度养殖的情况下，对鳅池环境条件的选择仍很重要。池址选建的地方，要求地形开阔，背风向阳，近水源。水量充足，排涝方便（大雨不涝），无工矿及农业废水排入。建池土质以黏土、壤土为好（保水保肥），天然饵料易于繁殖。

图 44　成鳅池场地

泥鳅对水质要求不十分严格，井水、河水、湖水、泉水、自来水都可以，但水源要保证无污染。据资料介绍，被化学农药污染过的水对养殖泥鳅十分不利，用化学农药防治作物病虫害后的农药残毒也危害着稻田养殖的泥鳅，土质对泥鳅的影响较大。在黏土（带腐殖质）中生长的泥鳅，体黄色，脂肪多，骨骼软，味鲜美，因为黏土保水性能好，泥鳅的天然饵料易繁殖。在沙土中生长的泥鳅，体乌黑，脂肪少，骨骼硬，肉质差。因此，养殖泥鳅时，最好使用含腐殖质丰富的黏土。

2. 建池要求

（1）土池和水泥池　土池、水泥池建池材料不同，但用以养殖泥鳅时，各方面要求基本相似。

（2）面积　小池为 $30 \sim 50$ 米^2，用于泥鳅苗种培育池和亲鱼产卵池，大池 $100 \sim 200$ 米^2，宜作为成鳅养殖池。

（3）水深　水深通常为 $30 \sim 50$ 厘米。水过深，不利于饵料生物繁殖及泥鳅进行肠呼吸；水过浅，水温、水质则变化剧烈，对泥鳅养殖不利。

（4）池深　进水口端深 $80 \sim 90$ 厘米，排水口处深约 1 米，池埂高出水面约 40 厘米。

（5）池底　要求平坦并逐渐向排水口倾斜。在出水口附近挖 1 个深 $30 \sim 40$ 厘米、面积 $1 \sim 3$ 米^2 的集鱼坑，作为泥鳅避暑、越冬和人工捕捞的场所。水泥池底需要铺土约 30 厘米，以供泥鳅潜伏和天然饵料繁殖。

（6）防逃设施　可在排水口设置拦鱼设备，进水口最好高于池水水面 30 厘米左右。土池堤埂和池底应夯砸结实，以防止漏水、漏肥或逃鱼。此外，池内边角处可种藕、茭白等水生植物，这样既遮阳，又增收，一举两得。

3. 放养前的准备

（1）养殖水域清整消毒　养殖泥鳅的水域预先应用生石灰、漂白粉等进行清整消毒，除野灭害。一般预先晒塘到塘底有裂缝后再在塘周围挖小坑，将块状生石灰放入，浇水化灰并趁热全池泼洒。第二天用耙将石灰与泥拌和。一般用量为每 100 米^2 用生石灰 10 ～ 15 千克。

（2）泥鳅饲料的准备　在人工养殖条件下，为达到预期产量，应准备充足的饲料，这在进行规模化养殖时更为重要。泥鳅食性广泛，饲料来源广，除了运用施肥培育水质，还可广泛收集农副产品加工下脚料，或专门培养泥鳅喜食的活饵料。

泥鳅食欲与水温关系密切。当水温 16 ～ 20℃时应以投喂植物性饲料为主，占 60％～ 70％；水温 21 ～ 23℃时，动、植物性饲料各占 50％；水温 24℃以上时应适当增加动物性饲料，植物性饲料减至 30％～ 40％。

一般动物性饲料不宜单独投喂，否则容易使泥鳅贪食而消化不良，肠呼吸不正常，"胀气"导致死亡。最好是动、植物饲料配合投喂。可根据各地饲料源，调制泥鳅的配合饲料。

预先可沤制一定量的有机肥，放养后定期根据水色不断追肥。也可装袋堆置塘角起肥水作用，以便不断产生水生活饵。

4. 苗种放养

一般在每平方米养殖池中可放养水花苗种（2 ～ 4 天的苗种）800 ～ 2 000 尾，放养体长 1 厘米（约 10 日龄）小苗种 500 ～ 1 000 尾，放养体长 3 ～ 4 厘米夏花苗种 100 ～ 150 尾，体长 5 厘米以上则可放养 50 ～ 80 尾。有微流水条件的可增加放养量，条件差的则减量。

5. 饲养投喂（图 45）

图 45　投喂

放苗种前按常规要求清塘消毒后施足基肥，每 100 米^2 池塘可施 10～20 千克干鸡粪或 50 千克猪、牛粪，2 周后放苗种。泥鳅是杂食性鱼类，喜食水蚤、水蚯蚓及其他浮游生物。在成鳅养殖期间抓好水质培育是降低养殖成本的有效措施，符合泥鳅生理生态要求，可弥补人工饲料营养不全和摄食不均匀的缺陷，还可减少病害发生，提高产量。放养后根据水质施用追肥，保持水质一定肥度，使水体始终处于鲜活状态。也可在池的四周堆放发酵腐熟后的有机肥或泼洒肥汁。

在充分培养天然饵料的基础上还必须人工投喂，在投喂中应注意饵料质量，做到适口、新鲜。主要投喂当地数量充足、较便宜的饲料，这样不致使饲料经常变化，而造成泥鳅阶段性摄食量降低进而影响生长。不投变质饲料。

在离池底 10～15 厘米处建食台，做到投饲上台。要按"四定"原则投喂饲料，即定时：每天 2 次（上午 9 点和下午 4～5 点）；定量：根据泥鳅生长不同阶段和水温变化，在一段时间内投喂量相对恒定；定位：在每 100 米^2 池中设直径 30～50 厘米固定的圆形食台；定质：做到不喂变质饲料，饲料组成相对恒定。

每天投喂量应根据天气、温度、水质等情况随时调整。当水温高于 30℃和低于 12℃时少喂，甚至停喂。要抓紧开春后水温上升时期的喂食及秋后水温下降时期的喂食，做到早开食，晚停食。

一般6厘米规格（体重2～3克）的入塘苗种，经1年养殖可达到10～12克。配合饲料应制成团块状软料投放在食台上。

6. 日常管理

池塘中要放养水葫芦、空心菜等漂浮性水生植物，占池面积10%左右，起到遮阳、吸收水中过剩养分的作用，并吸引水生昆虫作为泥鳅活饵料。水生植物的嫩根、嫩芽也可被泥鳅自由摄食，以增加所需营养。

要防止泥鳅浮头和泛池，特别在气压低、久雨不停或天气闷热时，如池水过肥极易浮头泛池，应及时冲换新水。平时要坚持巡塘检查，主要查水质，看水色，观察泥鳅活动及摄食情况等。泥鳅逃逸能力很强，尤其在暴雨、连日大雨时应特别注意防范。平时应注意检查防逃设施是否完整，塘埂有否渗漏，冲新水时是否有泥鳅沿水路逃跑等。

随时调整喂食、施肥、冲注新水，要定期检查泥鳅生长情况等。如果放养的泥鳅苗种生长差异显著时，应及时按规格分养。这样，可避免生长差异过大而互相影响，还可使较小规格的泥鳅能获得充足的饲料，加快生长。

二、水泥池养殖泥鳅的关键技术

常见问题及原因解析

水泥池养殖泥鳅密度相对较大，同时，水泥池水体与环境物质交换量有限。因此，水质调节难度较大，养殖管理技术要求较高，但相关养殖单位专业技术人员相对较少，养殖管理水平较差，养殖效益并不理想。

破解方案

1. 水泥池（图46）和排灌设施建设

水泥池可建成地下式、地上式或半地上式。池壁最好用24厘米砖墙砌成，池底先用"三合土"打底，然后浇一层5～10厘米的混凝土，内外壁及底面用水泥抹光。根据地形，可修成长方形或圆形，面积 50～200 米²，池深 1.0～1.2 米，水深 0.5～0.7 米。长方形的池子容易修建，便于拉网，池底应向短边有一定倾斜度，一般相对倾斜度为 2%～3%。圆形池子排污能力较强，底面中心为全池最低处。由于泥鳅具有避光性，水泥池上应搭建遮阳网，在炎热的夏季也起到降温的作用。

图 46　水泥池

　　排灌设施的要求是要能自行排尽池水，并能及时加注新水。在池子最低处设排水口，排水口直径 10～20 厘米，其上用直径 60～80 厘米、高 1.0～1.2 厘米的圆桶状滤网罩住，既避免因吸附污物而影响排水，又不伤鱼。在池外的排水口，可设一活动的竖立圆管，池水从该管上部排出，该管的高度即为池水的深度，可根据需要设计该管的高度。将该管从排水口拔出，则可排尽池水。进水口应高于池水水面，水源如为地表水，进水口应用滤网罩住；如为地下水，在加水时应有一段曝气的过程，以便地下水增温、增氧。滤网网目为 2 毫米。

　　2. 放养前的准备工作

　　新建的水泥池首次使用前，需用清水浸泡 15 天以上，"试水"无害后方可以放泥鳅苗种。水泥池使用前用清水将池子洗刷干净，暴晒 4～5 天，然后用漂白粉（20 克／米³）或三氯异氰尿酸钠（5～10 克／米³）等消毒液全池泼洒消毒。24 小时后将消毒液排净，并加入新水 50～70 厘米，10 天后就可以放泥鳅苗种了。

　　3. 放养

　　泥鳅的养殖周期一般为 5～9 个月，有当年苗种（人工繁育苗种）直接养成和隔年苗种（野生苗种）养成两种形式。放养的鱼种要经过严格筛选，确保无病无伤，游动活泼，体格健壮，规格尽量保持一致。

（1）泥鳅苗种消毒　用食盐水消毒时，由于食盐溶液对泥鳅有较强的刺激作用，泥鳅分泌大量黏液，不利于泥鳅成活，故建议用高锰酸钾溶液消毒，用量为 10～20 毫克 / 升，浸浴 5～10 分。

（2）泥鳅苗种的放养　由于泥鳅对低氧的耐受力较高，其放养密度可按春季水体缓冲度的上限来设计，这是泥鳅进行高密度养殖的依据之一。当年苗种的放养规格为 3～5 厘米，密度 200～300 尾 / 米^{3}水体；隔年苗的放养规格为 6～8 厘米，密度 100～200 尾 / 米^{3}水体。

4. 饲料与投喂

（1）饲料　可以购买泥鳅专用（膨化颗粒和沉性颗粒）饲料，也可以自己加工。参考配方：鱼粉 10%～15%，豆粕 15%～20%，花生饼 20%，菜籽粕 5%，啤酒酵母 5%，膨化玉米粉 35%，另加食盐 0.2% 和常用添加剂。

（2）投喂　100 米^{2}池子设饲料台 3～4 个。饲料台面积 1 米^{2}左右，其周边应有 10 厘米左右的垂直沿，以防饲料团被泥鳅拱落水中。饲料台应沉入水中 20 厘米左右。

泥鳅苗种入池第二天就可以投喂。将粉状配合饲料拌和成软团状置于饲料台上，如有条件，可将动物性饲料剁碎掺入（幼鳅 40%、中鳅 20%、成鳅 5% 左右）。投喂要做到"四定"，每天投喂 3 次，早上 6 点、下午 1 点和晚上 8 点。

每天投饵量按池中泥鳅总重的 3%～7% 计算，并根据季节、天气、吃食情况适时增减，以投喂 1 小时后无残饵为宜。放养野生苗时，放养后 1 周内投饵量应为正常的 50%，驯化适应后按正常投喂。

5. 日常管理

（1）换水　春、秋季每 7 天换水 1 次，每次换水量为池水的 1/3～1/2，夏季每 3 天换水 1 次，每次换水量为池水的 1/5～1/4，并要彻底排出底层污水。

（2）光温控制　春、秋季需要阳光照射，夏季需要遮阳。水温应控制在 30℃以下，以不超过 28℃为佳。控制方法为池子上方设置遮阳网和加换新水。加换新水时要注意新水的量和温度，避免换水前后水温变化超过 5℃。

（3）有害藻类的控制　青泥苔是泥鳅池中常见的有害藻类，常生长在池壁、滤网、饲料台，与水体浮游生物争夺营养，缠绕泥鳅，败坏水质。一旦发现必须清除。可用 0.7 毫升 / 米^3 水体硫酸铜全池泼洒清除。

（4）观察摄食情况　每天投喂饲料时都应观察泥鳅聚集、摄食状态，观察长势，10 ～ 15 天抽样 1 次，抽查测算泥鳅生长速度、饲料系数，以便调整每天投饵量和饲料配方。

（5）巡塘　每天早、中、晚巡塘，及时捞除病泥鳅，清除残饵和杂物，尽可能做到早发现问题、早解决问题，并做好记录。

三、泥鳅稻田养殖关键技术

常见问题及原因解析

养殖户多以种水稻为主业，生产管理侧重于水稻生产，不懂得养殖泥鳅的田块选择、基本设施、养殖方式等相关专业技术，在对水稻施肥用药时容易引起泥鳅逃跑，甚至中毒死亡。

破解方案

稻田养殖泥鳅是生态养殖的一种方式，见图 47。稻田浅水环境非常适合泥鳅生存。盛夏季节水稻可作为泥鳅良好的遮阳物，稻田中丰富的天然饵料可供泥鳅摄食。另外，泥鳅钻泥栖息，疏通田泥，既有利于肥料分解，又促进水稻根系发育，泥鳅粪本身又是水稻良好的肥源，泥鳅捕食田间害虫，可减轻或免除水稻一些病虫害。据测定，泥鳅养殖的稻田中有机质含量、有效磷、硅酸盐、钙和镁的含量均高于未养田块。有学者对稻田中捕捉的 33 尾泥鳅进行解剖鉴定，肠内容物中有蚊子幼虫的有 6 尾；解剖污水沟中的泥鳅 14 尾，肠内充满蚊子幼虫的有 11 尾。

图 47 稻田养殖泥鳅

1. 田块选择

泥鳅产量的高低与稻田适合养鳅的基本条件是分不开的，必须根据泥鳅对生态条件的要求选好田块。

(1)水源 供水量要充足，排灌方便，旱季不涸，雨季不涝，水质清新，无污染。

(2)土质 以保水力强的壤土或黏土为好，沙土最差。土质以肥沃疏松、腐殖质丰富、耕作层土质呈酸性或中性的为好。泥层深20厘米左右，干涸不板结，容水量大，不滞水，不渗水，保水保肥力强，能使田水保持较长时间。特别在鱼沟、凼里的水应经常稳定在所需水深，水温比较稳定，也有利天然饵料繁衍。

(3)面积 为便于管理，养泥鳅稻田面积以0.5～1亩为好，而且要求地势平坦、坡度小。如是梯田，田埂要坚固，并能抗暴雨。

(4)水稻品种 养泥鳅稻田中一般选择单季中熟稻或晚熟稻为好。

2. 基本设施

(1)防逃设施 稻田养鳅田埂内侧应尽量陡峭光滑，可用木板等材料挡于内侧，并向内倒檐。木板等应打入土内20厘米左右。

(2)鱼沟、鱼凼 鱼沟、鱼凼的设置解决了种稻和养鱼的矛盾。鱼沟是泥鳅游向全田的主要通道，鱼凼也叫鱼坑。鱼沟、鱼凼可使泥鳅在稻田操作、施肥、施药时有躲避场所。在稻田养泥鳅时可提早放养和延迟收获以延长饲养期，有利收捕。鱼沟、鱼凼开设面积一般占稻田的5%～8%，做到沟、凼相通。鱼沟可在栽秧前后开挖深宽各为30～50厘米，依田块大小开成"－""＋""＋＋"形的沟。主沟开在稻田中央，环沟离田埂0.5～1米，不能紧靠田埂。开挖时将鱼沟位置上的秧苗，分别移向左、右两行秧苗之间，做到减行不减株，利用水稻边行优势保持水稻产量。鱼凼一般建在田块中央或四角，形状为长方形、正方形、圆形、椭圆形等。通常以长方形、正方形为好，鱼凼底、凼壁用红砖或石料砌成，并用水泥勾缝。凼底铺30厘米肥田泥。鱼凼边周筑高、宽均为10厘米的凼埂，四周挖宽40厘米、深30厘米的环沟，防止淤泥下凼，凼埂留1～2个缺口，以利泥鳅进出活动觅食。凼埂上可栽瓜豆、葡萄等作物，也可搭建荫棚，以降温。

鱼沟、鱼凼也可作为繁殖饵料生物的场所。在靠近排水沟附近的沟、凼底，用鸡粪、牛粪或猪粪等混合铺厚10～15厘米，上面铺约10厘米厚稻草和10厘米厚泥土，培养饵料生物。鱼沟、鱼凼增加了稻田储水量，可促进稻、鳅生长。

（3）开沟起垄　开环沟和中心沟之后，再根据稻田面积大小开沟起垄。开沟起垄的原则是以有利于水稻群体发育为前提。

环沟离田埂50～100厘米，田埂与环沟间栽一垄水稻，可防止田埂塌陷漏水逃鱼。开挖环沟的表层土用来加高垄面，底泥用来加高田埂。环沟和中心沟开挖后，根据稻田类型、土壤种类、水稻品种和放养泥鳅规格的不同要求开沟起垄。如土太烂则需隔1～2天再开沟起垄。开沟起垄分两次完成，第一次先起模垄，隔1～2天待模垄泥浆沉实后，再第二次整垄。垄沟要平直，最好为东西向。起垄规格一般采用以下几种：一是垄沟深均为20～30厘米，以到硬土层为好，垄沟宽33厘米，垄面宽23～26厘米；二是垄沟宽40厘米，垄面宽有52厘米、66厘米、79厘米、92厘米、105厘米等5种规格。

（4）栏鱼栅　栏鱼栅建成"∧"形或"∩"形。进水口凸面朝外、出水口凸面朝内，既加大了过水面，又使栅不易被冲垮。如泥鳅规格小，可安装两道栅，第一道挡拦污物，第二道用金属筛网编织，可拦较小规格泥鳅苗种。安栅高度要求高出田埂20～30厘米，下部插入泥中15厘米，也可用竹筒代替。方法是取略长于田埂宽度、直径约 10 厘米的竹筒，保留一端竹节，其余打通，在未通竹节端用锯子锯 2～3 毫米宽的小缝若干。作注水用竹筒，安装时将有缝隙端伸向田内；作排水用时则伸向田外。一般每亩要这样的竹筒 5 个。

3. 养殖方式

稻田饲养商品泥鳅有半精养和粗养两种。半精养是以人工饵料为主，对鳅苗、投饵、施肥、管理等均有较高的技术要求，单产较高。粗养主要是利用水域的天然饵料进行养殖生产，成本低、用劳力较少，但单产较低。

（1）半精养　一般在秋季水稻收割之后，选好田块，搞好稻、鱼工程设施，整理好田面。翌年水稻栽秧后待秧苗返青，排干田水，暴晒 3～4 天。每平方米田面撒米糠 20～25 千克，第二天再施有机肥 50 千克，使其腐熟，然后蓄水。水深 15～30 厘米时，每 100 米^2 放养 5～6 厘米泥鳅苗种 10～15 千克。放养后不能经常搅动。第一周不必投喂，1 周后每隔 3～4 天投喂炒麦麸和少量蚕蛹粉。开始时均匀撒投田面，以后逐渐集中到食场，最后固定投喂在鱼凼中，以节省劳力和方便冬季聚捕。每隔 1 个月追施有机肥 50 千克，另加少量过磷酸钙，增加活饵料繁衍。泥鳅正常吃食后，主要喂麦麸、豆渣和混合饲料。根据泥鳅在夜晚摄食特点，每天傍晚投饵 1 次。每天投饵量为在田泥鳅总体重的 3%～5%。投饵做到"四定"，并根据不同情况随时调整投喂量。一般水温 22℃ 以下时以投植物性饵料为主；22～25℃ 时将动、植物饵料混合投喂；25～28℃ 时以动物饲料为主。11 月至翌年 3 月基本不投喂。夏季注意遮阳，可在鱼凼上搭棚，冬季盖稻草保暖防寒。注意经常换水，防止水质恶化。冬季收捕一般每 100 米^2 可收规格 10 克以上泥鳅 30～50 千克。

（2）粗养　实行粗养的稻田，同样应按要求做好稻田整修和建设必要的养鱼设施。当水稻栽插返青后，田面蓄水 10～20 厘米后投放泥鳅苗种。只是放养密度不能过大，由于不投饵，所以通常每亩投放 3 厘米苗种 1.5 万～2 万尾，或每 100 米^2 稻田投放大规格鳅种 5 千克左右。虽不投饵，但依靠稻田追施有机肥，可有大量浮游生物和底栖生物及稻田昆虫供其摄食。夏季高温时应尽量加深田水，以防烫死泥鳅。如为双季稻田，在早稻收割时，将泥鳅在鱼凼或网箱内暂养，待晚稻栽插后再放养。如防害防逃工作做得好，每亩稻田也可收获体长 10 厘米泥鳅 50 千克以上。

另一种粗养方式是栽秧后直接向田里放泥鳅亲鱼 10～15 千克，任其自然繁殖生长，只要加强施肥管理，效果也不错。

4. 施肥和用药

（1）施肥　施肥对水稻和鱼类生长都有利，但施肥过量或方法不当，会对泥鳅产生有害作用。因此，必须坚持以基肥为主，追肥为辅；以有机肥为主，化肥为辅的原则。稻田中施用的磷肥常以钙镁磷肥和过磷酸钙为主。钙镁磷肥施用前应先和有机肥料堆沤发酵后使用。堆沤过程靠微生物和有机酸作用，可促进钙镁磷肥溶解，提高肥效。堆沤时将钙镁磷肥拌在 10 倍以上有机肥料中，沤制 1 个月以上。过磷酸钙与有机肥混合施用或厩肥、人粪尿一起堆沤，不但可提高肥效，而且过磷酸钙容易与粪尿中的氨化合，减少氮素挥发，对保肥有利。因此，采用氮肥结合磷、钾肥作基肥混施既可提高利用率，也可减少对泥鳅的危害。

有机肥均需腐熟才能使用，因为要防止有机肥在腐解过程中产生大量有机酸和还原性物质而影响泥鳅生长。

基肥占全年施肥量的 70%～80%，追肥占 20%～30%。注意施足基肥，适当多施磷、钾肥，并严格控制用量，因为对泥鳅有影响的主要是化肥。施用过量，水中化肥浓度过大，就会影响水质，严重时引起泥鳅死亡。几种常用化肥每亩安全用量分别为：硫酸铵 10～15 千克，硝酸钾 3～7 千克，尿素 5～10 千克，过磷酸钙 5～10 千克。如以碳酸氢铵代替硝酸铵作追肥，必须拌土制成球肥混施，每亩用量 15～20 千克。碳酸氢铵作基肥，每亩可施 25 千克，施后 5 天才能放苗。长效尿素作基肥，每亩用量 25 千克，施后 3～4 天放苗。若用蚕粪作追肥，应经发酵后再使用，因为新鲜蚕粪含尿酸盐，对鱼有毒害。施用人畜粪追肥时每亩每次以 500千克以内为宜，作基肥时以 800～1 000 千克为宜。过磷酸钙不能与生石灰混合施用，以免起化学反应，降低肥效。

酸性土壤稻田宜常施石灰，中和酸性，提高过磷酸钙肥效，有利于提高水稻结实率，但过量有害。一般稻田水深 6 厘米，每亩每次施生石灰量不超过 10 千克。要多施时则应少量多次，分片撒施。

（2）用药　用药时尽量用低毒高效农药，事先加深田水，水层应保持 6 厘米以上。如水层少于 2 厘米，会对泥鳅安全带来威胁。病虫害发生季节，往往气温较高，一般农药随气温上升会加速挥发，同时也加大了对泥鳅毒性。喷洒农药时应尽量喷在水稻叶片上，以减少落入水中的机会。粉剂尽量在早晨稻株带露水时撒施；水剂宜晴天露水干后喷施。下雨前不要施药。用喷雾器喷药时喷嘴应伸到叶下向上喷。养泥鳅稻田不提倡拌毒土撒施。使用毒性较大的农药时，可一边换水一边喷药；或先干田驱鱼入沟凼再施药，并向沟凼冲换新水。也可采用分片施药，第一天施一半，第二天再施另一半，可减轻对泥鳅的药害。

四、网箱养殖泥鳅的关键技术

常见问题及原因解析

网箱养殖泥鳅密度较大，养殖技术要求较高，但多数养殖户技术水平有限，网箱设置不合理，放养规格差异较大，投喂饲料营养不全面，忽视对网箱的消毒刷洗，箱内水质较差，不能发挥良好生活环境中生长速度的最大化。

破解方案

网箱养泥鳅（图 48），不仅可以防止泥鳅的逃跑，同时可以按照泥鳅规格的大小合理的分群，有利于根据规格供给合适的饲料，而且还利于捕捞，省劳力，省管理，非常值得推广。

网箱养泥鳅，分有土养

图 48　网箱养泥鳅

殖和无土养殖。放养4～5厘米的泥鳅苗种，人工饲养9个月左右，增重5～6倍，投入产出比为1∶（1.85～2.0），易饲养、易管理、易捕捞。

1. 网箱设置

（1）设置水体的选择　养泥鳅的网箱可置于有流水的河沟或水体较大的池塘、湖泊或者稻田。放在流水的水体要选择流速不要太大的地方，要在泥鳅生长阶段保证流水不断，水位不能有太大的涨落差。放在池塘的网箱要求设置在水深1.5米以上，水面面积在500米^{2}以上的池塘。放在稻田的网箱要先在稻田的一边挖深沟，要求水深在1米以上，深沟的长宽以能放下网箱为准。网箱无论设置在什么地方，其面积都不要超过水体面积的1/3。

（2）网箱的设置　用聚乙烯无结节网片，网目在40～60目（以不逃出泥鳅苗种为准），网箱的上下钢绳直径0.6厘米；钢绳要结实，底部装有沉子。用稀网裹适量的石头做沉子。将网片拼接成长方形网箱，规格长3～7米、宽2～5米、高1.5～2米，一般以长4米、宽2.5米、高1.8米，或长5米、宽3米、高2米的结构箱多见，面积在10～20米^2。网箱放置在荫蔽的地方，网箱用竹篙或木桩固定上下面的四角。网箱的网衣沉入水中50～80厘米。无土养泥鳅的网箱，上沿距水面和网箱底部距水底应各为50厘米以上。有土养泥鳅的网箱，水位要求稍浅，网箱上沿距水面50厘米，底部着泥，底层铺上20厘米厚的粪肥、泥土，先铺粪肥10厘米，再铺泥土10厘米。箱内放水葫芦或水花生，所放养数量以覆盖箱内的2/3水面为宜。在整个生长季节，若放养的植物生长增多，要及时捞出。始终控制水草占有2/3水面为宜。

2. 鳅种放养

在2月底、3月初插入网箱，清整消毒后，开始购进苗种，最好在3月底苗种全部入箱。每平方米放4～5厘米的苗种200～300尾。苗种入池前用3%的食盐水浸泡15分，进行彻底消毒。

3. 饲养管理

（1）投饲技术及方法　网箱养泥鳅以人工投饵为主，可投喂动物类为主辅以部分植物类的人工配合的团状饵料，还可投喂商品配合饲料，但成本较高。每天投饲量为泥鳅体重的 3%～5%，分早、中、傍晚 3 次投喂。视泥鳅的吃食量酌情增减。

（2）水质管理　在日常管理中，要勤刷网衣，保持网箱水体的交换、溶氧丰富，并使足够的饵料生物进入箱内。

（3）病害　定期用生石灰或其他消毒药物对网箱进行灭菌消毒；防止农药、化肥等污染和敌害生物侵袭。同时，经常检查网箱，如有漏洞立即补好。

网箱养泥鳅要保证大小合适，营养供给合理，饲养季节要适合当地的气候和温度，同时要加强饲养管理，投饲合理的饲料，经常对网箱进行消毒刷洗，更换水质，保证能有较好的生活环境，保证生长速度最大化的发挥。

五、庭院式养殖泥鳅关键技术

常见问题及原因解析

庭院式养殖泥鳅具有休闲功能，养殖者出于修身养性的目的，多是因势建池，就地取材，但由于缺乏养殖技术，生产管理多是根据自己一时想象，盲目采取措施，结果并不理想，养殖者很无成就感。

破解方案

开展农家庭院养泥鳅，见图 49，占地少、易养殖、投资小、收效大，是增加农民收入的新模式。一般利用水面 100～200 米^2，可年产泥鳅 200～400 千克，收入可达 800～2 000 元，效益非常可观。现将饲养泥鳅的技术要点简介如下。

图 49　庭院养泥鳅

1. 建池

建池可因地制宜，一般面积 100～200 米^2，池深 1 米，池水深约 0.5 米，池底铺肥泥 0.2～0.3 米，以供泥鳅钻潜休息，池壁用石砌或砖砌，并用水泥抹面。泥鳅池还需建设专门的进出水口、铁丝网拦泥鳅栅等设施。拦泥鳅栅既防泥鳅外逃，又防野杂鱼进入泥鳅池。

2. 清池消毒

清池消毒方法有 2 种：①干池法：放干或抽干池水，每平方米池底用生石灰 11 千克，待施后 1 天灌水。②带水法：每立方米池水用生石灰 0.22 千克。

3. 放养泥鳅苗种

人工繁殖或野生的苗种均可，苗种应无病、无伤、体健活泼，放养前放入 3%～4% 食盐溶液中浸浴约 8 分，放养时间在春季晴天进行为宜，每平方米放养 3～4 厘米的苗种 40～50 尾，经 140～150 天饲养可长到 10～15 厘米，即达到商品规格。

4. 合理投饵

每天投饵量占泥鳅总体重的比例分别是：3 月为 1%、4～6 月为 4%、7～8 月为 10%、9～10 月为 4%。投饵要坚持"四定"：即定位，池内搭饵台，把饵料投放在饵台上；定时，每天上午 9 点左右投饵；定质，饵料新鲜、卫生、适口、无腐烂发霉；定量，以投饵后 2～3 小时吃完为宜，若 3 小时后还有剩饵，泥鳅可能会被胀死或污染水质，均不利于泥鳅生长。

5. 适时换水

在饲养过程中，要经常观察池水水质变化，一般水色以黄绿色或褐色为宜。若发现泥鳅蹿出水面，说明池水过肥，水中缺氧应及时注入新水，放走老水，特别在闷热雷雨天气，更要勤注新水增氧，有条件的可安装增氧机增氧，以防泥鳅死亡或泛池。

6. 防治病害

常见的病害有水霉病和腐鳍病，可用 10～15 微克／毫升抗生素溶液浸浴病鳅 10 分，或 1 克／米^{3}漂白粉（含有效氯 25%～30%）全池泼洒。

专题十
泥鳅病害防治关键技术

专题提示

　　泥鳅疾病的发生与本身的抵抗力、病原体的致病力以及环境条件的改变有着密切的关系，特别是环境因素的影响非常大。泥鳅长期生活在水体中，水体环境的变化，不但直接影响泥鳅的生长发育，而且会影响病原体的生长繁衍。

一、诱发泥鳅疾病的因素

常见问题及原因解析

　　由于养殖泥鳅水体相对较浅，水质变化受外界环境影响较大，水质管理要求较高，同时水质的多变导致泥鳅本身抗病力下降以及病原体滋生等诱发泥鳅发病。

破解方案

　　养殖户要充分认识诱发泥鳅疾病的因素，主要有外界因素、泥鳅本身因素和病原体的因素。

　　1. 外界因素

　　外界因素较为复杂，例如环境的改变、气候的突然变化、池水的恶化、饲养管理技术跟不上、放养密度不适当、养殖品种搭配不合理、捕捞操作不细致、泥鳅体表损伤等因素，都会导致泥鳅发病。

2. 泥鳅本身因素

健康活跃的泥鳅，本身抗病力强，相对来说不易患上疾病或很少患病；反之，体质瘦弱、抗病能力差，甚至不爱吃食的泥鳅，往往容易感染上疾病。

3. 病原体的因素

在投放泥鳅苗种时，如果不注意体表和饲养池的消毒和清理，池内就生存有致病性的细菌、病毒和寄生虫、敌害生物等，加之放养的苗种未经消毒处理，或者使用了带有病菌、寄生虫的渔具，把病原体直接带入泥鳅池而生长繁衍等，这些有害生物将会侵入泥鳅体内导致其患病。

二、泥鳅疾病检查与诊断的关键技术

常见问题及原因解析

泥鳅发病的诱因多种，出现疾病后养殖户多求助于技术人员解决，由于技术人员水平参差不齐，在没有全面了解养殖户生产用水、管理过程的情况下，简单通过肉眼观察和显微镜检测，即用药治疗，导致用药不对症，错失治疗时机，造成不必要损失。

破解方案

为了有效地治疗泥鳅病，必须对患病泥鳅进行正确的检查和科学的分析诊断。

1. 现场调查

泥鳅一旦患了病，不仅在体表上表现症状，而且泥鳅池中也会表现不正常的现象。有时还会出现死亡现象，但在体表上找不出病原体，这时，技术人员应考虑是否有毒废水流进了泥鳅池导致中毒；或是投饵、施肥过多等引起水质恶化，发生池水缺氧；或是水质变瘦、饵料不足，使泥鳅饥饿而死亡。这些原因都要在现场进行详细的调查。实践证明，现场调查是诊断泥鳅疾病的一项重要的内容，千万不能忽视。

2. 体表检查

对泥鳅体表检查时，一般采用刚死去还未腐烂变质或快死的病泥鳅，病泥鳅应保持湿润，检查的用具要注意清洁卫生。按照先体表后体内、先目检后镜检的顺序进行。

（1）肉眼检查　先从患病部位找出病原体，再深入了解各种病状，为诊断泥鳅病提供依据。检查时，取病泥鳅放在解剖盘中，先肉眼观看其体色、肥瘦情况，而后观察各种症状。例如，皮肤是否发白、充血、长水霉，是否有大型寄生虫等。检查泥鳅鳃部时，要观察鳃盖是否无血、张开，而后剪去鳃盖，观察鳃片的颜色是否正常，黏液是否增多，鳃丝末端是否肿胀、腐烂；是否有白色点状孢囊，最后观察是否有大型寄生虫等，见图50。

图50　肉眼检查

（2）显微镜检查　采用显微镜检查，是根据目检的病变部位做进一步检查分析，一般按从体表开始经鳃、眼、脑，最后到肠道的顺序进行。在检查时，对小规格鳅体表用显微镜直接观察，对个体大的泥鳅可取体表黏液涂片检查，鳃、眼、脑部位可取部分组织压片检查；肠道检查时可把整个器官压片检查。

三、泥鳅疾病预防关键技术

常见问题及原因解析

由于养殖泥鳅的水域一般较浅，且多为静水状态，所以养殖水质容易恶化。同时，投喂与施肥不合理，且放养密度不恰当，未经常加注新水等，从而导致养殖泥鳅被动地进行疾病治疗。

破解方案

防止泥鳅疾病的发生是夺取泥鳅养殖高产稳产的重要措施之一。泥鳅疾病的诊断和治疗比陆地动物要难得多，泥鳅疾病预防就显得更加重要了。由于养殖泥鳅的水域一般较浅，且多为静水状态，所以养殖水质容易恶化。因此，在病害防治方面应注意科学合理投喂与施肥，且放养密度要恰当，并经常加注新水，以保持水质清新。做好泥鳅养殖的病害预防工作主要是要做好以下几点。

1. 饲养环境

泥鳅的饲养环境应选择在避风向阳、靠近水源的地方。泥鳅对水质的要求不高，但被农药污染或化学药物浓度过高的水域不能作为养殖用水。苗种放养前，要将池塘进行彻底清整、消毒，见图51。苗种下池前10～15天，要进行清塘消毒。先把池水排干，检查有无漏洞，然后用生石灰清塘。池水深7～10厘米时，每亩用生石灰75～150千克，先用清水将生石灰溶化，接着趁热全池泼洒，第二天用木耙在池中来回抓几次，

图51 池塘消毒

使生石灰能充分释放药性。如果池水无法排干，可采用浓度为2毫克／千

克的漂白粉溶液清塘，使用方法同上。清塘后1周注入新水（加过滤网），放试水鱼，再进行苗种放养。同时，在池塘中种植一些水生植物，给泥鳅提供一个遮阳、舒适、安静的生活环境，水生植物的根部还为一些底栖生物的繁殖提供场所，为泥鳅提供天然饵料。

2. 苗种质量

要选择体质健壮、活动力强、体表光滑、无病无伤的泥鳅苗种。

3. 苗种消毒

（1）漂白粉消毒　每1000千克水用漂白粉（含有效氯30%）3～5克，倒入消毒容器内（木桶、船舱、帆布桶或水缸内）搅拌均匀，再将鳅种放入进行浸洗。一般每1000千克水中浸洗200～250千克鳅种，浸浴10～15分，可防治细菌性皮肤病和鳃病。

（2）高锰酸钾消毒　每1000千克水用8～10克高锰酸钾，用药时间要根据泥鳅的体质和温度而定。一般水温在10～20℃时，浸洗1～2小时，可防治锚头蚤病和指环虫病。配制使用此药时，应现配现用，配制水应尽量用含有机质少的清水；不要在阳光暴晒下浸洗，以免降低药效。

4. 放养密度

在泥鳅养殖期间，如放养密度低，则造成水资源的浪费；放养密度过高，又容易导致泥鳅患病。一般每立方米水体放养体长3～4厘米的夏花100～150尾，体长在5厘米以上的苗种每立方米水体可放养50～80尾，在条件好的情况下，可适当增加放养量，否则要适当减少放养量。

5. 饲料管理

动物性饲料一般不宜单独投喂，否则容易造成泥鳅贪食，食物不消化，肠呼吸不正常，因"胀气"而死亡，绝不能投喂腐臭变质的饲料，否则泥鳅易患肠炎等疾病。

6. 水质管理

养殖期间，抓好水质培育是降低养殖成本的有效措施，同时符合泥鳅的生理生态要求，可弥补人工饲料营养不全和摄食不均匀的缺点，还可以减少病害的发生，提高产量。泥鳅放养后，根据水质情况适时施用追肥，以保持水质一定的肥度，使水体始终处于活、爽的状态。

四、泥鳅疾病治疗的关键技术

常见问题及原因解析

由于泥鳅养殖户及技术人员水平有限，导致对泥鳅发病症状判断不准，没有掌握主要疾病的流行情况，不能采取综合措施进行预防及治疗。同时，用药剂量、用药方法等都影响治疗效果。

1. 水霉病

流行情况

本病一年四季都有可能发生，尤以隆冬和早春最为多见，主要造成受精卵或苗种大批死亡。

症　状

患水霉病的泥鳅最初表现急躁不安，随着病情加重会出现行动迟缓和食欲减退，数天后逐渐死亡。本病在春季孵化期会感染受精卵，使受精卵呈绒球状，不能正常孵化。病菌是通过泥鳅伤口侵入后发病的，故在捕捞和运输时要慎重操作，尽量不要使泥鳅体表损伤。

防　治

①捕捞泥鳅时，尽量减少对泥鳅体表的机械损伤；越冬期间要防冻，减少水霉入侵的机会。②人工繁殖期间，要尽量避免在低温阴雨连绵期进行。③患了水霉病后，应及时采用药物治疗。泥鳅苗种及卵子可采用浓度为4毫克/千克的高锰酸钾溶液浸浴10～15分；成鳅和亲鳅患病，可采用医用碘酒或1%的高锰酸钾涂擦伤口，有一定效果。

2. 舌杯虫病

症　状

舌杯虫附着在泥鳅的皮肤或鳃上，平时摄取周围水中的食物，对寄生组织没有破坏作用。但对幼鳅，特别是 1.5～2 厘米的泥鳅苗种，此虫大量寄生在鳃和皮肤上则妨碍泥鳅的正常呼吸，严重时可使幼鳅死亡。

流行情况

舌杯虫病一年四季都可发生，以夏、秋两季较为普遍。因为感染程度不高，危害不太大，但容易与车轮虫病并发，大量发生则可引起泥鳅死亡。

防　治

①流行季节可采用硫酸铜和硫酸亚铁合剂预防。②放养苗种前用 1 毫克／千克的硫酸铜溶液浸洗 10 分。③对已经感染疾病的泥鳅池，可采用硫酸铜和硫酸亚铁溶液全池泼洒，药量为每立方米水体用硫酸铜 0.5 克和硫酸亚铁 0.2 克。

3. 车轮虫病

症　状

患了车轮虫病的鳅体瘦弱，离群独游，行动缓慢。镜检可以看到虫体密密麻麻地布满整个鳍部，如不及时治疗，不久就会引起泥鳅死亡。

流行情况

主要以泥鳅苗种期危害最大。此病很常见，全国各养殖地区均有发现，以 5～8 月最为流行，特别是密养的苗种和瘦弱的病鳅最易患上这种病。

①预防可采用生石灰彻底清塘。②在已发病的水体里，用硫酸铜和硫酸亚铁合剂全池泼洒，药量按每立方米水体用硫酸铜 0.5 克、硫酸亚铁 0.2 克。也可单独使用硫酸铜，药量按每立方米水体用 0.7 克，溶水后全池泼洒。

4. 腐鳍病

症　状

腐鳍病使病鳅的背鳍附近肌肉腐烂，严重的鳍条脱落、肌肉外露，鳅体两侧从头部至尾部浮肿，发病部分肌肉发炎，并有红斑。

防　治

泥鳅发病时，可采用每升含 10 ～ 15 微克的抗生素溶液浸洗治疗。

5. 气泡病

症　状

病鳅长期浮于水面不下沉，肉眼观察其表皮有气泡，打开腹部发现肠道充满气泡。

防　治

①及时清除池中腐败物，不施用未发酵的肥料，同时要掌握好投饲量和施肥量，防止池水恶化。②对发病的池，要及时加注清水或黄泥浆水。③池里泥鳅已发病，应按每亩水面配 4 ～ 5 千克食盐，溶水后全池泼洒，有效。

专题十一
泥鳅捕捉、暂养、运输及越冬关键技术

专题提示

  泥鳅的捕捉分为人工池塘养殖捕法。泥鳅的暂养要适当控制密度，加强管理以减少暂养期间的死亡。泥鳅的运输主要包括干法运输、鱼篓（桶）装水运输以及尼龙袋充氧运输。泥鳅是变温动物，具有越冬特点，应做好越冬管理。

一、池塘泥鳅捕捞的关键技术

常见问题及原因解析

  池塘养殖泥鳅密度相对较大，按泥鳅的活动规律进行捕捞是提高起捕率的关键。泥鳅的活动主要受温度影响，因此其捕捞方法首先要考虑不同季节采用不同的方法，但养殖户往往只注重一种方法而忽视温度因素，造成起捕率较低。

破解方案

  池塘因面积小、水深，相对稻田捕捞难度大。但池塘捕捞不受农作物的限制，可根据需要随时捕捞上市，比稻田方便。池塘泥鳅捕捞主要有以下几种方法。

  1. 食饵诱捕法

  可用麻袋装炒香的米糠、蚕蛹粉与腐殖土混合做成的面团，敞开袋口，傍晚时沉入池底即可。一般选择在阴天或下雨前的傍晚下袋，这样经过一夜时间，袋内会钻入大量泥鳅。诱捕受水温影响较大，一般水温在25～27℃时泥鳅摄食旺盛，诱捕效果最好；当水温低于15℃或高于30℃时，泥鳅的活动减弱，摄食减少，诱捕效果较差。也可用大口容器（如罐、坛、脸盆、鱼笼等）改制成诱捕工具。

2. 冲水捕捞法

在靠近进水口处铺设好网具。网具长度可依据进水口的大小而定，一般为进水口宽度的3～4倍，网目直径为1.5～2厘米，4个网角结绑提纲，以便起捕。网具张好后向进水口冲注新水，给泥鳅以微流水刺激。泥鳅喜溯水，会逐渐聚集在进水口附近，待泥鳅聚拢到一定程度时，即可提网捕获。同时，可在出水口处张网或设置鱼篓，捕获顺水逃逸的泥鳅。

3. 排水捕捞法

池塘排干水捕捉泥鳅一般是在泥鳅吃食量较少而未钻泥过冬时的秋天进行；或者是用上述几种方法捕捞养殖泥鳅还有留余时，则只好干塘捕捉泥鳅。

　　方法是先将池水排干，然后根据成鳅池的大小，在池底开挖几条宽40厘米、深25～30厘米的排水沟，在排水沟附近挖坑，使池底泥面无水，沟、坑内积水，泥鳅会聚集到沟坑内，即可用抄网捕捞。若池大未捕尽，可进水淹没池底几小时，然后慢慢放水只剩沟坑内水，继续用抄网捕捞。若池中还有泥鳅钻到泥中未捕到，则再进水淹没池底过夜，第二天太阳未出之前慢慢放水，再重复捕一次，基本能捕尽池中的泥鳅。

此外，如遇急需，且水温较高时，可采用香饵诱捕的方法，即把预先炒制好的香饵撒在池中捕捞处，待30分左右后用网捕捞。

二、稻田泥鳅捕捞的关键技术

常见问题及原因解析

稻田养殖泥鳅一般水面大，泥鳅密度低，分布范围广，起捕难度相对较大，养殖户急于提高起捕率，通常采用综合捕捞的方法，忽视综合方法的灵活应用，特别是药物驱捕法与排干田水捕捉法结合时，药物误施入集鱼坑中，导致泥鳅中毒死亡现象。

破解方案

稻田养殖的泥鳅，一般在水稻即将黄熟之时捕捞，也可在水稻收割后进行。捕捞方法一般有5种。

1. 网捕法

在稻谷收割之前，先用三角网设置在稻田排水口，然后排放田水，泥鳅随水而下时被捕获。此法一次难以捕尽，因而可重新灌水，反复捕捉。

2. 排干田水捕捉法

在深秋稻谷收割之后，把田中鱼沟、鱼溜疏通，将田水排干，使泥鳅随水流入沟、溜之中，先用抄网抄捕，然后用铁丝制成的网具连淤泥一并捞起，除掉淤泥，留下泥鳅。天气炎热时可在早上、晚上进行。田中泥土内捕剩的部分泥鳅，长江以南地区可留在田中越冬，翌年再养；长江以北地区要设法捕尽，可采用翻耕、用水翻挖或结合犁田进行捕捉。

3. 香饵诱捕法

在稻谷收割前后均可进行。于晴天傍晚时将田水慢慢放干，待第二天傍晚时再将水缓缓注入坑（溜）中，使泥鳅集中到鱼坑（溜），然后将预先炒制好的香饵放入广口麻袋，沉入鱼坑诱捕。此方法在5～7月以白天下袋较好，若在8月以后则应在傍晚下袋，第二天日出前取出效果较好。

放袋前1天停食，可提高捕捞效果。如无麻袋，可用旧草席剪成长60厘米、宽30厘米的草席片，将炒香的米糠、蚕蛹粉与泥土混合做成面团放入草席内，中间放些树枝卷起，并将草席两端扎紧，使草席稍稍隆起。然后放置田中，上部稍露出水面，再铺放些杂草等，泥鳅会到草席内觅食。

4. 笼捕法

捕泥鳅较为有效的方法是用须笼或黄鳝笼捕捞。须笼（图52）是一种专门用来捕捞泥鳅的工具，它与黄鳝笼很相似，是用竹篾编成的，长30厘米左右，直径约10厘米。一端为锥形的漏斗部，占全长的1/3，漏斗部的口径2～3厘米。须笼的里面用聚乙烯布做成同样形状的袋子，袋口穿有带子。鳝笼里边则无聚乙烯布。笼捕在泥鳅入冬休眠以外的季节均可作业，但以水温在18～30℃时，捕捞效果较好。捕泥鳅时，先在须笼、黄鳝笼中放上可口香味的鱼粉团，炒米粉糠、麦麸等做成的饵料团，或者是煮熟的鱼、肉骨头等，将笼放入池底，待1小时后，拉上笼收获一次。拉须笼时，要先收拢袋口，以免泥鳅逃跑，最后解开袋子的尾部，倒泥鳅于容器中。如果在作业前停食1天，且在晚上捕捞，效果更好。这种捕捞方法，一亩池塘放10～20只须笼或黄鳝笼，连捕几个晚上，起捕率可达60%～80%。另外，也可利用泥鳅的溯水习性，用须笼、黄鳝笼冲水捕捞泥鳅。捕捞时，笼内无须放诱饵，将笼敷设在进水口处，笼口顺水流方向，泥鳅溯水时就会游入笼内而被捕获。一般半小时至1小时收获一次，取出泥鳅，重新布笼。

图52　须笼

5. 药物驱捕法

通常使用的药物为茶粕（亦称茶枯、茶籽饼，是榨油后的残存物，存放时间不超过2年），每亩稻田用量5～6千克。将药物烘烧3～5分后取出，趁热捣成粉末，再用清水浸泡透（手抓成团，松手散开）3～5小时后方可使用。

将稻田的水放浅至3厘米左右，然后在田的四角设置鱼巢（鱼巢用淤泥堆集而成，巢面堆成斜坡形，由低到高逐渐高出水面3～10厘米），鱼巢大小视泥鳅的多少而定，巢面一般为脚盆大小，面积0.5～1米²。面积大的稻田中央也应设置鱼巢。

施药宜在傍晚进行。除鱼巢巢面不施药外，稻田各处需均匀地泼洒药液。施药后至捕捉前不能注水、排水，也不宜在田中走动。泥鳅一般会在茶粕的作用下纷纷钻进泥堆鱼巢。施药后的第二天清晨，用田泥围一圈拦鱼巢，将鱼巢围圈中的水排干，即可挖巢捕捉泥鳅。达到商品规格的泥鳅可直接上市，未达到商品规格的幼鳅继续留田养殖。若留田养殖，需注入5厘米左右深的新水，有条件的可移至他处暂养，7天左右待田中药性消失后，再转入稻田中饲养。

此法简便易行，捕捞速度快，成本低，效率高，且无污染（必须控制用药量）。在水温10～25℃时，起捕率可达90%以上，并且可捕大留小，均衡上市。但操作时应注意以下事项：首先是用茶粕配制的药液要随配随用；其次是用量必须严格控制，施药一定要均匀地全田泼洒（鱼巢除外）；再次是鱼巢巢面必须高于水面，并且不能再有高出水面的草、泥堆物。此法捕泥鳅时间最好在收割水稻之后，且稻田中无集鱼坑、鱼溜的；若稻田中有集鱼坑、鱼溜，则可不在集鱼坑、鱼溜中施药，并用木板将鱼坑、鱼溜围住，以防泥鳅进入。

三、野生泥鳅捕捞的关键技术

常见问题及原因解析

野生泥鳅的捕捞多数采用工具捕捞法，但一些捕捞者不懂工具的放置时间、放置方向、取出时间以及工具的存放，导致起捕率较低、泥鳅闷死以及工具破损严重等问题。

破解方案

我国江河、沟渠、池塘和水田等水域蕴藏着丰富的天然泥鳅资源，虽然由于农药和肥料的大量使用及水域污染等原因，使这一资源逐渐减少，但泥鳅生产仍以捕捉野生泥鳅为主。一般野生泥鳅的捕捉方法有工具捕捞、药物聚捕、灯光照捕等，多数与养殖泥鳅捕捉方法相似。

1. 工具捕捞法

一般是利用捕捉黄鳝用的黄鳝笼或须笼（俗称鱼笼）来捕捉。有的也用张网等渔具捕捉。

须笼和黄鳝笼均为竹篾编制，两者形状相似。一般长 30 厘米、直径 9 厘米，末端锥形（漏斗部），占全长的 1/3，漏斗口的直径 2 厘米。须笼的里面用聚乙烯布做成与须笼同样形状的袋子。使用时，在须笼中放入用炒香的米糠、小麦粉、鱼粉或蚕蛹粉做成的饵料团子，或投放水蚯蚓、螺、蚌肉或蚕蛹等饵料，傍晚放置于池底（5～7 月可白天中午放置）。须笼应多处设置，一般每个池塘可在池四周各放 1～3 只须笼。放笼后定时检查，1 小时左右拉上来检查 1 次。拉时先收拢袋口，以防泥鳅逃逸。放置须笼的时间不宜过长，否则进入的泥鳅过多，会造成窒息死亡。捕捉到的泥鳅应集中于盛水的容器中，泥鳅的盛放密度不宜太大。此法适宜于人工养殖的池塘、沟渠或天然坑塘、湖泊等水域使用，亦可用于繁殖期间的亲鳅捕捉。须笼闲置时，白天应放在阴凉通风处。

也可在须笼内不放诱饵进行捕捉，即在 4～5 月，特别是涨水季节的夜间，于河道、沟渠、水田等流水处，设置须笼或鳝笼，笼口向着下游，利用泥鳅的溯水习性，让其游进笼中而捕获。9～10 月时，笼口要朝上游，因为此时泥鳅是顺水而下的。

2. 药物聚捕法

此法与稻田驱捕法所用的药物和操作方法均相同，在非养鳅稻田中亦可使用。

3. 灯光照捕法

此法是人们利用泥鳅夜间活动的习性，用手电筒等光源照明，结合使用网等渔具或徒手捕捉的方法，一般在泥鳅资源丰富的坑塘、沟渠和水田采用。

此外，在野生泥鳅资源较多的天然水域中，也可采用改制的麻布袋或广口布袋，装入香饵诱捕。

四、水泥池暂养泥鳅的关键技术

由于受经济利益驱动，一些泥鳅暂养户在泥鳅大量上市时大量暂养泥鳅，导致水泥池暂养泥鳅密度过大、暂养前没有经过木桶暂养、水泥池换水不及时以及缺氧等，造成泥鳅大批量死亡现象。

破解方案

水泥池暂养（图53）适用于较大规模的出口中转基地或需暂养较长时间的场合。应选择在水源充足、水质清新、排灌方便的场所建池，并配备增氧、进水、排污等设施。水泥池的大小一般为8米×4米×0.8米，蓄水量为20～25

图53 水泥池暂养

米^3。一般每平方米面积可暂养泥鳅5～7千克，有流水、有增氧设施，暂养时间较短的，每平方米面积可放40～50千克。若为水槽形水泥池，每平方米可放 100 千克。

　　泥鳅进入水泥池暂养前，最好先在木桶中暂养 1～2 天，待粪便或污泥消除后再移至水泥池中。在水泥池中暂养时，对刚起捕或刚入池的泥鳅，应每隔 7 小时换水 1 次，待其粪便和污泥排除干净后转入正常管理。夏季暂养每天换水不能少于 2 次，春、秋季暂养每天换水 1 次，冬季暂养隔天换水 1 次即可。

　　据有关资料报道，在泥鳅暂养期间，投喂生大豆和辣椒可明显提高泥鳅暂养的成活率。每 30 千克泥鳅每天投喂 0.2 千克生大豆即可。此外，辣椒有刺激泥鳅兴奋的作用，每 30 千克泥鳅每天投喂辣椒 0.1 千克即可。

　　水泥池暂养是目前较先进的方法，适用于暂养时间长、数量多的场合，具有成活率高（95％左右）、规模效益好等优点。

　　但这种方法要求较高，暂养期间不能发生断水、缺氧泛池等现象，必须有得力的管理方法。

五、网箱暂养泥鳅的关键技术

常见问题及原因解析

　　一些暂养户忽视暂养水体水质条件、暂养季节条件以及网箱大小等，盲目增加暂养密度，并且忽略网箱洗刷和暂养管理，而影响暂养成活率。

破解方案

　　网箱暂养泥鳅（图 54）被许多地方普遍采用。暂养泥鳅的网箱规格一般为 2 米 × 1 米 ×1.5 米。网眼大小视暂养泥鳅的规格而定，暂养小规格泥鳅可用 11～12 目的聚乙烯网布，暂养成品鳅

图 54　网箱暂养

可用网目较大的网布。网箱宜选择水面开阔、水质良好的池塘或河道。暂养的密度视水温高低和网箱大小而定，一般每平方米暂养 30 千克左右较适宜。网箱暂养泥鳅要加强日常管理，防止逃逸和发生病害，平时要勤检查、勤刷网箱、勤捞残渣和死泥鳅等，一般暂养成活率可达 90% 以上。

六、泥鳅暂养的其他技术

常见问题及原因解析

由于暂养空间相对较小，暂养密度随意性较大，同时管理也存在随意性，导致暂养成活率得不到保证，影响经济效益。

破解方案

1. 木桶暂养

各类容积较大的木桶均可用于泥鳅暂养。一般用容积 72 升的木桶可暂养泥鳅 10 千克。暂养开始时每天换水 4～5 次，第三天以后每天换水 2～3 次。每次换水量控制在 1/3 左右。

2. 鱼篓暂养

鱼篓的规格一般为口径 24 厘米、底径 65 厘米、高 24 厘米，竹制。篓内铺放聚乙烯网布，篓口要加盖（盖上不铺聚乙烯网布等，防止泥鳅呼吸困难），防止泥鳅逃逸。将泥鳅放入竹篓后置于水中，竹篓应有部分露出水面，以利于泥鳅呼吸。若将鱼篓置于静水中，一篓可暂养 7～8 千克；置于微流水中，一篓可暂养 15～20 千克。置于流水状态中暂养时，应避免水流过激，否则泥鳅易患细菌性疾病。

3. 布斗暂养

布斗一般规格为口径 24 厘米、底径 65 厘米、长 24 厘米，装有泥鳅的布斗置于水域中时应有约 1/3 部分露出水面。布斗暂养泥鳅必须选择在水质清新的江河、水库等水域。一般置于流水水域中，每斗可暂养 15～20 千克；置于静水水域中，每斗可暂养 7～8 千克。

七、泥鳅长期蓄养关键技术

泥鳅长期蓄养由于时间较长、规模较大，需要采用控温以及进、排水设施，同时要求管理人员技术水平较高。一些蓄养单位蓄养条件简单，管理人员技术水平低，导致蓄养成活率和经济效益达不到预期。

破解方案

我国大部分地区水产品都有一定的季节差、地区差，所以人们往往将秋季捕获的泥鳅蓄养至泥鳅价格较高的冬季出售。蓄养的方式方法和暂养基本相同。时间较长、规模较大的蓄养一般是采用水槽或水泥池进行。长期蓄养必须采取低温蓄养，水温要保持在 5～10℃。若水温低于 5℃时，泥鳅会被冻死；高于 10℃时，泥鳅会浮出水面呼吸，此时应采取措施降温、增氧。蓄养于室外的要注意控温，如在水槽等容器上加盖，防止夜间水温突变。蓄养的泥鳅在蓄养前要促使泥鳅肠内粪便排出，并用食盐溶液或食盐加小苏打合剂浸洗消毒，以提高蓄养成活率。建池暂养可参考下述方法操作：

1. 泥鳅池建造

泥鳅池建造时要特别注意防逃、排水、捕捉 3 个方面的问

题。泥鳅池面积以 20～100 米^2、池深 70～100 厘米为宜，池的四周应高出水面 40 厘米，池底要铺 20～30 厘米的软泥（如能保持微流水，可不铺泥）。在近排水口处设一鱼溜，鱼溜比池底深 30 厘米，用水泥结构或砖石砌成。进、排水管的管口必须用金属丝网或尼龙丝网护住，以防泥鳅逃逸。

2. 泥鳅放养

泥鳅放养前，一般先对暂养池进行消毒，通常使用生石灰，若是新建水泥池，还需先进行脱碱处理。待消毒药物毒性消失后（10 天左右），便可放养泥鳅。泥鳅可随收（或捕）随放，但放养前一定要先浸浴消毒，以防传染病的发生。方法是：在水缸或消毒专用池中，用 1%～3% 食盐溶液或 0.4% 食盐溶液加 0.4% 小苏打溶液制成消毒液，将泥鳅投入。在整个浸浴过程中，要随时观察泥鳅的反应，发现泥鳅不安、上浮等不正常反应，要立即捞出，一般需浸浴 5～20 分。放养密度需根据暂养时间、泥鳅池条件而定。若暂养时间长、泥鳅池条件差，密度就要小，每平方米可放养 5～10 千克，但要注意常换新水；若暂养时间短、泥鳅池条件好，则每平方米可放养泥鳅 40～50 千克。另外，泥鳅入暂养池前，最好先在水桶或水缸内暂养 1～2 天，放养时最好能按规格大小分池暂养。

3. 加强管理

（1）管理好水质　暂养泥鳅，对水质的要求很高。无微流水条件的泥鳅池，要注意经常加注新水，一般每 2～4 天换水 1 次，每次换水量为总量的 1/3。有流水条件的，流速大小要根据放养泥鳅重量而定，同时每隔 3～5 天要加大进、排水量 1 次，以使淤积于池底的粪便、残饵冲出池外。

（2）饵料投喂　暂养泥鳅，应适量投饵，饵料有米糠、马铃薯、果皮、瓜皮、蚕蛹粉及家禽内脏等。一般按 3 份动物性饲料、7 份植物性饲料的比例均匀混合在一起投喂。投喂时撒料要慢，待泥鳅吃完一遍，再撒一遍。若配制细颗粒饲料，投喂效果会更好。

八、泥鳅干法运输种类及关键技术

一些泥鳅经纪人为提高收入，常采用干法运输，经常出现忽略温度条件长时间运输，超出泥鳅可耐受范围，导致死亡率较高，影响经济效益。

破解方案

干法运输就是采取无水湿法运输的方法，俗称"干运"，一般适用于成鳅短程运输。运输时，在泥鳅体表泼些水或用水草包裹泥鳅，使泥鳅皮肤保持湿润，再置于袋、桶、筐等容器中，就可进行短距离运输。

1. 筐运法

装运泥鳅的筐，为长方形，规格为（80～90）厘米×（45～50）厘米×（20～30）厘米，见图55。筐内壁铺上麻布，避免鳅体受伤，一筐可装成鳅15～20千克，筐内盖些水草或瓜（荷）叶即可运输。此法适用于水温15℃左右、运输时间为3～5小时的短途运输。

图55　筐运

2. 袋运法

将泥鳅装入麻袋、草包或编织袋内，洒些水或预先放些水草等在袋内，使泥鳅体表保持湿润，即可运输。此法适用于温度在20℃以下，运输时间在半天以内的短途运输。

九、泥鳅降温运输种类及关键技术

温度在泥鳅运输过程中是最关键的因素，但一些泥鳅经纪人不考虑自身运输条件缺少降温措施以及增氧措施，盲目提高运输密度，结果运输成活率较低。

破解方案

运输时间需半天或更长时间的，尤其在天气炎热和中程运输时，必须采用降温运输方法。

1. 带水降温运输

一般用鱼桶装水加冰块装运，6千克水可装运泥鳅8千克。运输时将冰块放入网袋内，再将其吊在桶盖上，使冰水慢慢滴入容器内，以达到降温目的。此法运输成活率较高，鱼体也不易受伤，一般在12小时内可保证安全。水温在15℃左右，运输时间在5~6小时效果较好。

2. 鱼筐降温运输

鱼筐的材料、形状和规格前面已述。每筐装成鳅15~20千克。装好的鱼筐套叠4~5个，最上面一筐装泥鳅少一些，其中盛放用麻布包好的碎冰块10~20千克。将几个鱼筐叠齐捆紧即可装运。注意避免鱼筐之间互相挤压。

3. 箱运法

箱用木板制作，木箱的结构有三层，上层为放冰的冰箱，中层为装泥鳅的鳅箱，下层为底盘。箱体规格为50厘米×35厘米×80厘米，箱底和四周钉铺20目的聚乙烯网布。如水温在20℃以上时，先在上层的冰箱里装满冰块，让融化后的冰水慢慢滴入鳅箱。每层鳅箱装泥鳅10~15千克。再将这两个箱子与底盘一道扎紧，即可运。这种运输方法适合于中短途运输，运输时间在30小时以内的，成活率在90%以上。

4. 低温休眠法运输

把鲜活的泥鳅置于5℃左右的低温环境之中，使之保持休眠状态的运输方法。一般采用冷藏车控温保温运输，适合于长距离的远程运输。

十、泥鳅鱼篓（桶）装水运输关键技术

常见问题及原因解析

由于泥鳅鱼篓（桶）装水运输法可长时间运输，运输量较大，要求配备相关运输设施，同时要求较高的管理技术，一些泥鳅经纪人缺乏相应的技术以及存在一些错误认识，导致泥鳅苗种受伤、死亡等，最终影响苗种质量和数量。

破解方案

泥鳅鱼篓（桶）装水运输法是采用鱼篓（桶）装入适量的水和泥鳅，采用火车、汽车或轮船等交通工具的运输方法，此法较适合于泥鳅苗种运输。鱼篓一般用竹篾编制，内壁粘贴薄膜，也有用镀锌铁皮制作。鱼篓的规格不一，常用的规格为：口径70厘米，底部边长90厘米，高77厘米，正方体。也可用木桶（或帆布桶）运输。木桶一般规格为：口径70厘米，底径90厘米，桶高100厘米。有桶盖，盖中心开有一直径为35厘米的圆孔，并配有击水板，其一端由"十"字形交叉板组成，交叉板长40厘米，宽10厘米，柄长80厘米。

鱼篓（桶）运输泥鳅苗种要选择好天气，水温以15～25℃为宜。已开食的泥鳅苗种起运前最好喂一次咸鸭蛋。其方法是将煮熟的咸鸭蛋黄用纱布包好，放入盛水的搪瓷盘内，滤掉渣，将蛋黄汁均匀地泼在装泥鳅苗种的鱼篓（桶）中，每10万尾泥鳅苗种投喂蛋黄1个。喂食后2～3小时，更换新水后即可起运。运输途中要防止泥鳅苗种缺氧和残饵、粪便、死鳅等污染水质，要及时换注新水，每次换水量为1/3左右，换水时水温差不能超过3℃。若换水困难，可用击水板在鱼篓（桶）的水面上轻轻地上下推动击水，起增氧效果。为避免苗种集结，路途较近的亦可用挑篓运输，挑篓由竹篾制成，篓内壁粘贴薄膜。篓的口径约50厘米，高33厘米。

装水量为篓容积 1/3～1/2（约 25 升）。装苗种数量依泥鳅规格而定：1.3
厘米以下的装 6 万～7 万尾，1.5～2 厘米的装 1 万～1.4 万尾，2.5 厘
米的装 0.6 万～0.7 万尾，3.5 厘米的装 0.3 万～0.4 万尾，5 厘米的装 0.25
万～0.3 万尾，6.5～8 厘米的装 600～700 尾，10 厘米的装 400～500 尾。

十一、尼龙袋充氧运输关键技术

常见问题及原因解析

由于操作不细心导致充氧尼龙袋漏气，达不到保氧的作用，加之苗
种密度较大，导致缺氧死亡。同时，需低温运输，装苗时环境温度与运
输环境温度相差较大，没有采用逐级降温措施而导致运输成活率较低。

破解方案

此法是用各生产单位运输家鱼苗种用的尼龙袋（双层塑料薄膜袋），
装少量水，充氧后运输，这是目前较先进的一种运输方法。可装载于车、
船、飞机上进行远程运输。

尼龙袋规格一般为 30 厘米 ×28 厘米 ×65 厘米的双层袋，每袋装泥
鳅 10 千克。加少量水，亦可添加些碎冰，充氧后扎紧袋口，再装入 32 厘
米 ×35 厘米 ×65 厘米规格的硬纸箱内，每箱装两袋。气温高时，在箱内
四角处各放一小冰袋降温，然后打包运输。如在 7～9 月运输，装袋前
应对泥鳅采取三级降温法处理：即从水温 20℃以上的暂养容器中放入水
温 18～20℃的容器中暂养 20～40 分，然后放入 14～15℃的容器中暂
养 5～10 分，再放入 8～12℃的容器中暂养 3～5 分，最后装袋充氧运输。

十二、泥鳅越冬的关键技术

常见问题及原因解析

养殖户一般都存在市场观望的情况，泥鳅出售受时间市场价格变动

影响较大，因此存在泥鳅被动越冬现象，但由于越冬前期未做好越冬营养、场所以及防寒措施准备，造成越冬死亡率较高。

破解方案

1. 选好越冬场所

要选择背风向阳，保水性能好，池底淤泥厚的池塘作为越冬池。为便于越冬，越冬池蓄水要比一般池塘深；要保证越冬池有充足良好的水源条件。越冬前要对越冬池、食场等进行清整消毒处理，防止有毒有害物质危害泥鳅越冬。

2. 适当施肥

越冬池消毒清理后，泥鳅入池前，先施用适量有机肥料，可用经无公害处理的猪、牛、家禽等粪便撒铺于池底，增加淤泥层的厚度，发酵增温，为泥鳅越冬提供较为理想的"温床"，以利于保温越冬。

3. 选好鳅种

选择规格大、体质健壮、无病无伤的泥鳅苗种作为翌年繁殖用的亲本。这样的泥鳅抗寒、抗病能力较强，有利于提高越冬成活率。越冬池泥鳅的放养密度一般可比常规饲养期高 2～3 倍。

4. 采取防寒措施

加强越冬期间的注、排水管理。越冬期间的水温应保持在 2～10℃。池水水位应比平时略高，一般水深应控制在 1.5～2 米。加注新水时应尽可能用地下水或在池塘或水田中开挖深度在 30 厘米以上的坑、溜，使底层温度有一定的保障。若在坑、溜上加盖稻草，保温效果更好。如果是农家庭院用小坑函使泥鳅自然越冬，可将泥鳅适当集中于越冬泥，上面加铺畜禽粪便保温，效果更好。